KB273748

아이와 함께하는
서울나들이

아이와 함께하는
서울 나들이

이재영 지음

북하우스

CONTENTS

PLAY#01 MEMORY

PLAY#02 ART

서울 지도

철없던 그때처럼 가슴이 뛴다.

예전엔 미처 몰랐다.

바쁘게 세상을 살아가던 그땐,

계절이 어떻게 왔다 가는지 관심도 없었다.

세상살이를 견뎌내다보면 어느새 봄이고 문득 겨울이고 그랬다.

하지만 가정이라는 작은 소행성의 주인이 된 지금은

온 우주의 움직임에 민감하게 반응한다.

자고 일어나면 번지는 꽃망울에,

떨어져 쌓이는 낙엽에

아무것도 할 수 없는 엄마는 온몸으로 계절을 탄다.

아, 꽃이 피는구나.

그래, 신록이 우거지는구나.

이젠 바람이 불고

드디어 눈이 내리는구나.

_본문 중에서

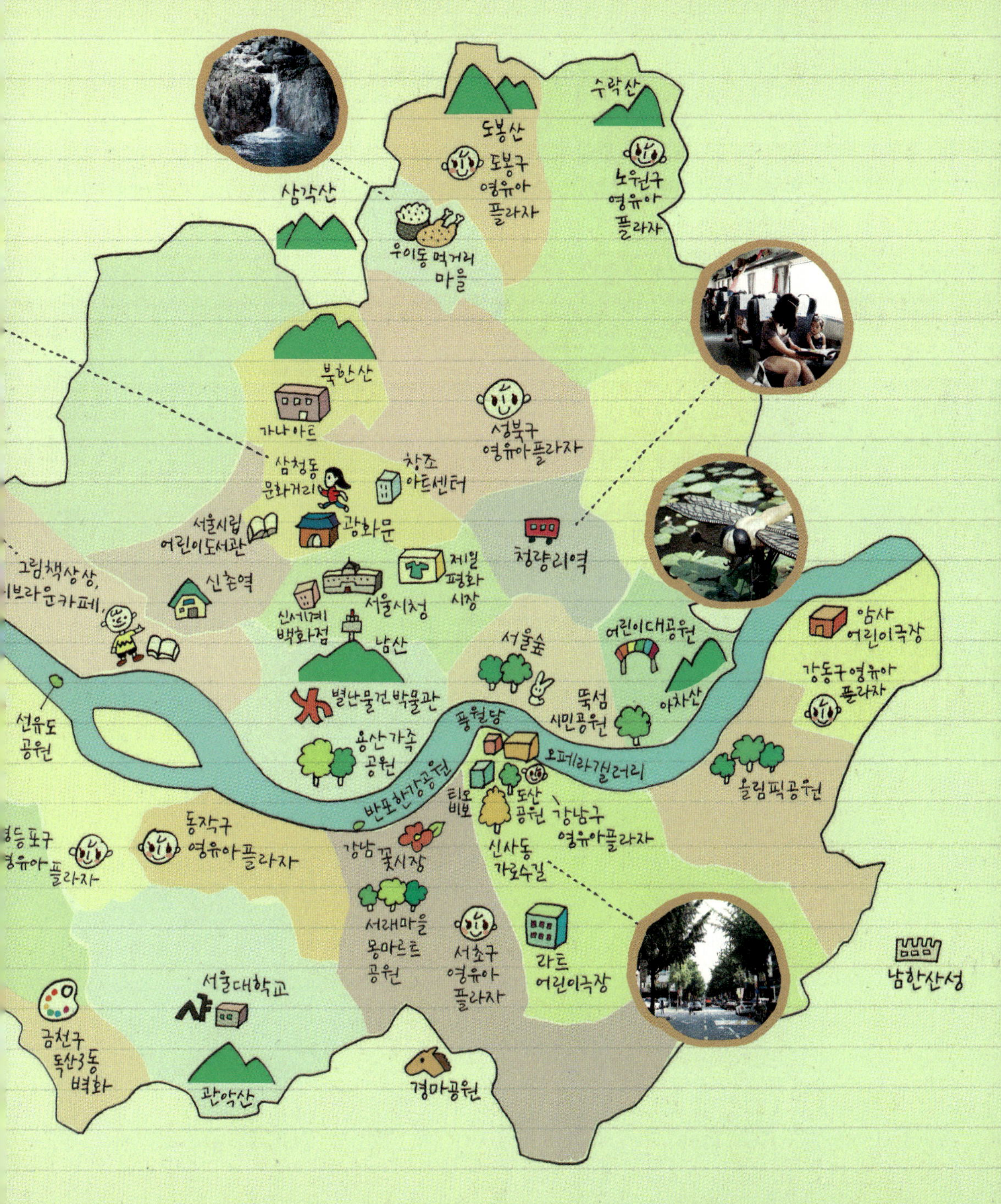

삼각산
도봉산
도봉구 영유아 플라자
수락산
노원구 영유아 플라자
우이동 먹거리 마을
북한산
가나아트
성북구 영유아플라자
창조 아트센터
삼청동 문화거리
서울시립 어린이도서관
광화문
청량리역
그림책상상, 브라운카페
신촌역
제일 평화 시장
서울시청
신세계 백화점
남산
서울숲
어린이대공원
암사 어린이극장
강동구영유아 플라자
선유도 공원
별난물건박물관
용산가족 공원
뚝섬 시민공원
아차산
올림픽공원
풍월당
반포한강공원
오페라길러리
티오 비보
도산 공원
강남구 영유아플라자
영등포구 영유아 플라자
동작구 영유아플라자
강남 꽃시장
신사동 가로수길
서래마을 몽마르트 공원
서초구 영유아 플라자
라트 어린이극장
남한산성
금천구 독산3동 벽화
서울대학교
관악산
경마공원

PLAY #01

MEMORY

덕수궁 돌담길, 대성리 기차여행,
우이동 계곡, 인천공항철도,
한강공원, 남산공원,
신사동 가로수 길과 도산공원

시청앞 지하철역에서

덕수궁 돌담길

시청역은 붐볐다.

모두 일을 하고 있을 시간이었는데도 그랬다.

노래 가사대로라면 바로 그때 누군가 나의 이름을 불러야 했다.

나는 뒤돌아봤을 것이고, 발그레한 얼굴로 반가운 인사를 나눠야 했다.

그런데 그 순간, 나를 부르는 소리가 들렸다.

"아줌마! 아기 가방 떨어졌어요!"

인생은 언제나 이런 식이다.

내가 생각한 대로 움직여주지 않는다.

어떤 하루는 시간을 되돌리고 싶다. 아이 엄마들은 때때로 로맨틱한 우연을 기대한다. 불현듯 찾아와 일상을 흔드는 위험한 만남이 아니다. 옛 기억을 더듬으며 웃을 수 있는 만남을 꿈꾸는 것이다. 너무 진지하지도 복잡하지도 않은, 가볍고 산뜻한 우연이 오늘 나에게 펼쳐지길 바란다. 그날 나도, 그랬다.

그러나 현실은 아니었다. '건수'를 만들려고 여기저기 전화해봤지만 다들 일이 있다는 대답뿐이었다. 모든 것을 포기했다. '오늘은 그냥 집에 있어야겠군.' 아이는 벌써부터 인형놀이를 하자며 조르고 있었다. 아이의 성화로 어쩔 수 없이 뽀로로를 등에 업었다. 나의 미션은 뽀로로를 업고 병원에 다녀오는 것이었다. 아이는 또다른 인형에게 플라스틱 채소로 밥을 먹이고 있었다. 이게 뭐하는 건가 싶었다.

마침 무심코 틀어놓은 FM 라디오에서 낯익은 음악이 흘러나왔다. 〈시청 앞 지하철역에서〉였다. 등에 업은 뽀로로가 떨어질세라 포대기를 추스르며 흥얼거렸다. "언젠가 우리 다시 만나는 날엔, 빛나는 열매를 보여준다 했지이⋯⋯" 그 대목에서 결국 포대기를 풀렀고, 뽀로로는 떨어졌으며, 아이는 울었다. "이제 나갈 거야. 엄마 친구 만나러 가야 해. 같이 가자." 나들이 간다는 이야기에 아이는 쉽게 뽀로로의 손을 놨다. 두 번 버려진 뽀로로에게 인생은 그런 거라며 집을 맡기고 길을 나섰다.

시청역은 붐볐다. 모두 일을 하고 있을 시간이었는데도 그랬다. 노래 가사대로라면 바로 그때 누군가 나의 이름을 불러야 했다. 나는 뒤돌아봤을 것이고, 발그레한 얼굴로 반가운 인사를 나눠야 했다. 그런데 그 순간, 나를 부르는 소리가 들렸다. "아줌마! 아기 가방 떨어졌어요!" 인생은 언제나 이런 식이다. 내가 생각한 대로 움직여주지 않는다. 그래 처음부터 말도 안 되는 소리였다. 말이 시청역이지 첫사랑이 왕십리 방향으로 갈지 신도림 방향으로 갈지, 아니면 1호선을 타고 인천으로 갈지 의정부로 갈지, 약냉방칸에 탈지 그냥 냉방칸에 탈지 어떻게 알겠는가. 그리고 그 시간에 시청역을 배회하는 첫사랑이라면 15년 만에 만난 나에게 도를 믿으라고 할지도 모를 일이었다.

깨끗이 마음을 접은 나는 답답한 지하철을 벗어나 밖으로 나가야 했다. 혹시 유모차를 메고 아이를 안고 계단 오르기를 하며 힘자랑을 하게 되는 건 아니겠지. 간혹 엘리베이터가 없는 지하철역을 빠져나가느라 고생을 해온 터라 슬쩍 걱정이 됐다. 잘 발달된 구릿빛 이두 삼두를 뽐내며 우연한 만남이 이루어지는 건 아닐 거야, 끝까지 쓸데없는 생각을 하며 엘리베이터를 찾았다. 나도 그렇지만 지하철 계단 오르기는 아이가 나들이 시작부터 지치는 이유가 되기 때문이다. 그러나 걱정은 기우였다. 고궁 앞 지하철역이라 온통 유리로 된 원형 엘리베이터가 근사하게 우리를 기다리고 있었다. 엘리베이터가 지상에 올라오는 짧은 순간, 아이는 탄성을 질렀다. "우와!" 나 역시 오랜만에 찾은 서울 한복판이 반가웠다.

그렇게 시청역 1번 출구로 빠져나와 서른 발짝쯤 걸어가면 정동길이 시작된다. '덕수궁 돌담길' 이라는 이름으로 더 유명한 바로 그 길이다. 누구에겐 이별을, 누구에겐 낭만을 안겨주는 길이다. 길은 '던킨도너츠' 와 덕수궁 사이에 숨은 듯 열려 있다. 일방통행 일차선 차도 양옆으로 보행로가 이어진다. 그야말로 걷기 위한 길이다. 엄마 아빠가 수줍게 손을 잡고 데이트를 했던 그 길의 역사를 아는지 모르는지 아이는 이미 울퉁불퉁 돌길에 마음을 빼앗긴다. 마음이 급해 넘어져도 벌떡 일어나 싱긋 웃는다. 위협적이지 않을 만큼 천천히 달리는 차들과 오가는 사람들이 재미있는지, 성큼 앞서간 아이의 발자국을 서둘러 뒤따른다. 아이의 눈길은 어느새 이름 없는 화가의 그림에 가 있다. 신기한 듯 한참 들여다보더니, 다시 행진이다.

나는 아이를 불러 단단한 돌의자 위에 앉힌다. 가져온 간식을 꺼내먹으며 한가롭게 지나가는 사람들을 바라본다. 아이는 앉아 있기만 하는 것이 성에 차지 않는지, 돌의자에 배를 대고 다리를 올리기도 하고, 손으로 잡고 빙글빙글 돌기도 한다. 아이들은 지나가는 모든 것들을 살아 있는 장난감으로 만드는 재주가 있다. 한 걸음 한 걸음 아끼며 걷다보니 어느새 음악 분수 앞이다. 정동길의 작은 광장, 정동교회와 시립미술관이 맞닿아 있는 곳에 예쁘게 자리한 분수이다. 아이의 흥분 지수는 최고조이다. 아이와 분수를 보며 함께 환호를 하고 있지만 내 시선은 '이영훈 추모비' 에 머문다. 한때 나의 감성을 지배했던 그의 음악이 떠오른다. 길 위의 여행을 마치고 아이와 작은 언덕으로 향한다. 서울시립미술관으로 향하는 언덕이다.

PLAY #01
MEMORY

019
시 청 앞
지 하 철 역 에 서

서울시립미술관은 정동길의 수많은 랜드마크 중 단연 돋보인다. 물론 아이와의 나들이 장소라는 전제가 붙는다. 그래서 가끔은 '서울시립미술관'이라는 현판이 '우리가 편히 쉬어갈 곳'이라는 글귀로 보이기도 한다. 가파르지 않은 언덕을 오르면 르네상스식의 멋진 건물이 나타난다. 이곳은 사실 대법원 건물이었다. 덕수궁 돌담길을 이별의 길로 만든 바로 그 장본인이다. 법원에서 이혼도장을 쾅 찍고 나온 후 마지막으로 걷는 길이라는 그 이야기가 이제는 전설이 되었다. 그 후 2002년, 유럽 여행을 온 듯한 기분이 드는 파사드(건축물의 주된 출입구가 있는 정면)를 남기고 내부를 미술관으로 개조해 서울시립미술관으로 재탄생했다. 정동길 곳곳이 그렇듯 이곳에도 과거와 현대가 공존한다.

이 미술관이 좋은 이유는 근엄하지 않아서다. 친구네 집에 놀러 온 듯 친근한 매력이 있다. 단돈 700원의 입장료가 그렇고, 안내데스크 옆에 친절하게 자리한 수유실이 그렇다. 그리고 둘러보는 것만으로도 아기자기한 재미가 있는 아트숍과, 천경자 화백의 아름다운 그림을 마음껏 감상할 수 있는 상설전시실은 마음을 살찌우기에 그만이다. 출출하면 3층 카페테리아에서 간식을 먹을 수도 있다. 파리 어느 찻집처럼 유리로 된 천장에서 빛이 쏟아지는 그곳의 창밖 풍경은 그야말로 예술이다. 이처럼 유명한 전시 관람이 아니라도 친구 집에 수다 떨러 가듯이 편하게 놀러 갈 수 있는 곳이 바로 서울시립미술관이다.

그래서일까. 아이도 편안한 이모 집에라도 온 듯 여기저기 신나게 돌아다닌다. 예술품과 기념품 등을 판매하는 아트숍이 시작이다. 아트숍은

021
시 청 앞
지하철역에서

1층 화장실과 더불어 입장료 없이 들어갈 수 있는 유일한 곳이다. 그곳
에는 퍼즐엽서며 알록달록 예쁜 책들과 재미있는 예술품 등이 가득해 한
참을 머물게 된다. 아이는 이것저것 재미있게 들여다본다. 하지만 사달
라는 말은 하지 않는다. 아마도 여느 장난감 가게와는 다른 분위기 때문
이리라. 그곳에 있는 것들은 가져야 하는 것이 아니라 그저 둘러보는 것
이라고 느끼는 걸까. 어쨌든 큰 승강이 없이 빠져나와 표를 끊고, 아트숍
바로 옆에 있는 엘리베이터를 탄다. 여기까지 왔으니, 고상 좀 떨어볼까
하는 생각에 카페테리아로 간다. '환한 햇살이 참 좋다' 라는 생각도 잠

시 물 달라, 티슈 달라, 빨대 달라, 이 의
자에 앉겠다, 저 의자로 바꾸자는 요구가
빗발친다.

  에잇, 결국 언제나처럼 숭늉 마시듯 커
피를 급하게 원샷한다. 그래도 고상을 떨
어야겠기에, 안 뜨거운 척 여유로운 척
깨끗이 잔을 비우고 아이 시중에 들어간
다. 오늘 무얼 타고 왔는지, 오는 길에 본
것들은 무엇인지, 여기가 어딘지 다시 한
번 기억할 수 있도록 짧은 대화를 나눈다.
대화라고 하기엔 참 민망한 수준이지만
집 밖으로 나와 새로운 것을 경험한 아이
는 평소보다 재잘재잘 말이 많아진다. 카

페테리아에서 휴식을 마치고, 2층 상설전시장으로 이동한다.

상설전시장에는 천경자 화백이 서울시에 기증한 그림들이 〈천경자의 혼〉이라는 이름으로 전시되어 있다. 테마에 따라 다섯 개의 섹션으로 구성된 전시에는, 작가 자신의 모습을 투영한 자화상과 해외 스케치 여행 중에 만난 이국 여인의 모습을 담은 인물화, 지구를 몇 바퀴 돈 세계 여행을 통해 제작한 여행풍물화 및 문학기행화, 학창 시절의 습작 등 다양한 작품들을 선보이고 있었다. 마치 샤갈의 작품을 보는 듯 화려한 색채의 그림을 보며 아이에게 설명해준다.

상설전시 관람을 마치고 다시 1층 로비로 나와 커다란 백남준의 작품을 본다. 시시각각 다르게 변하는 비디오 아트를 황홀한 듯 바라보던 아이가 말한다. "엄마, 나가자."

아이들은 의외로 쿨한 구석이 있어서 우물쭈물 맺음을 못 하는 엄마들의 고민을 단번에 해결해주곤 한다.

　미술관을 나와 가던 길을 따라 죽 걸어가면 정동극장, 정동난타전용관, 구 러시아공사관 터, 정동교회 등 가볼 곳이 많다. 하지만 아이와 한나절 나들이로 너무 많은 곳을 다니는 것은 무리다. 나들이를 지치지 않고 즐겁게 마치고 싶다면 욕심을 부려서는 안 된다. 언제든지 다시 찾을 수 있는 곳이라는 생각으로 느긋하게 둘러보는 것이 요령이다. 아이와 나는 발길을 돌린다. 혹시 스쳐 지난 게 없을까 다시 살피며 걸어온 길을 거슬러 올라간다.

덕수궁 대한문 앞은 왕궁수문장 교대의식으로 시끌시끌하다. 신기한 옷을 입은 아저씨들을 보는 아이의 눈이 반짝반짝 빛난다. 안에서는 무슨 일이 일어날까 궁금해하는 아이를 위해 1,000원짜리 입장권을 끊고 궐문을 넘는다. 궁 안은 할머니 댁처럼 푸근하다. 보송보송한 흙길이 이어진다. 잘 꾸며진 궁 안을 아이와 걷는다.

석조전 앞 앙부일구(해시계. 진품은 국립고궁박물관에 보관되어 있고, 덕수궁에 있는 것은 모조품으로 현재 표준시와 35분의 차이가 난다)를 보며 몇 시일까, 아이와 시계놀이도 해본다. 가위바위보로 덕수궁 미술관 계단 올라가기

놀이를 한다. 공주님 뛰노시듯 궁궐을 놀이터 삼아 한바탕 놀고 나와, 지나치기 아쉬운 서울광장으로 향한다. 광장 바닥 분수에는 이미 많은 아이들이 몸을 흠뻑 적시며 놀고 있다. 광장 문화가 발달하지 못한 우리나라. 그나마 서울의 중앙광장으로, 시민들의 휴식처가 되어주는 곳이다.

역사의 시작을 알리는 것이 광장의 임무라지만 푸른 잔디와 시원한 물줄기가 있는 그곳은 이미 아이들의 차지다. 횡단보도를 건너기 전부터 흥분하던 아이는 뒤도 안 돌아보고 물속으로 돌진한다. 잔디 저편에서는 무료 전시를 하는 듯했는데, 볼 수 없을 것 같다. 우연을 기대하며 곱게 차려입은 옷과 신발이 물놀이로 이미 다 젖었기 때문에.

우연한 만남을 기대한다면 시청 앞 지하철역으로 가볼 것을 권한다. 첫사랑에게 빛나는 열매를 보여줄 기회는 쉽게 오지 않겠지만, 소중한 '열매'와 함께 고즈넉하게 옛 생각을 하는 여유를 누릴 수 있을 테니까. 🌷

❀ 정동극장

정동극장은 공공 공연장이다. 신극과 판소리 전문 공연장으로 문을
열었던 국내 최초의 근대식 극장인 '원각사'의 복원을 이념으로 삼아
국립중앙극장의 분관으로 설립되었다. 그동안 도심 속의 편안한 쉼터
로 자리 잡은 이곳에서는 점심시간을 이용해 무료 콘서트와 문화소외
계층을 위한 프로그램, 어린이·가족 공연 레퍼토리 개발 등을 통해
시민들에게 좋은 공연을 꾸준히 선사하고 있다. 가벼운 주머니 사정
에 구애받지 않고 문화생활을 즐기고 싶다면 가볼 만하다. 미리 공연
계획을 참고해 방문하면 좋은 공연을 감상할 수 있다.

❀ 정동극장 (문의: 02-751-1500)
관람시간: 평일 09:00~18:00 / 매주 월요일 휴관
관람료: R석 4만 원, S석 3만 원, A석 2만 원 / 단 대학생 이하(유아포함)는 50퍼센트 할인

❦ 구 러시아공사관 터

고종이 아관파천 당시 머물렀던 러시아공사관이 있던 자리이다. 당시 웅
장했던 건물은 전쟁 때 모두 불타 현재 일부만 복원돼 있다. 터에 올라서
면 한눈에 서울 시내가 들어온다. 가족이 여유롭게 쉬어갈 수 있는 곳이
다. 아이가 역사에 관심을 가질 나이라면 이곳을 중심으로 한국근대사
의 발자취를 짚어가는 나들이를 계획해보자.

❧ 정동교회 & 성공회성당

1897년에 준공한 우리나라 최초의 본격적인 개신교 교회건물이다. 벽
돌쌓기를 하였으며, 곳곳에 아치형의 창문을 내어 고딕 양식의 교회당
모습을 이루고 있다. 돌을 다듬어 반듯하게 쌓은 기단은 조선시대 목조
건축의 솜씨가 배어 있다. 이 교회당의 좋은 장식 없는 내부 기둥과 함께
소박한 분위기를 지니고 있는, 북미계통의 단순화된 교회건물이다.
성공회성당 또한 이국적인 분위기를 물씬 풍긴다. 이곳은 로마네스크 양
식의 3층 교회건물로, 1890년에 우리나라에 온 성공회 1대 주교인 코프의
전도활동으로 성공회의 기초가 잡히자, 3대 주교인 마크 트롤로프가 건립하였다. 일
제 침략기, 서양인에 의해 로마네스크 양식으로 설계된 본격적인 건축물이라는 점에
서 역사적 의의가 있는 곳이다.

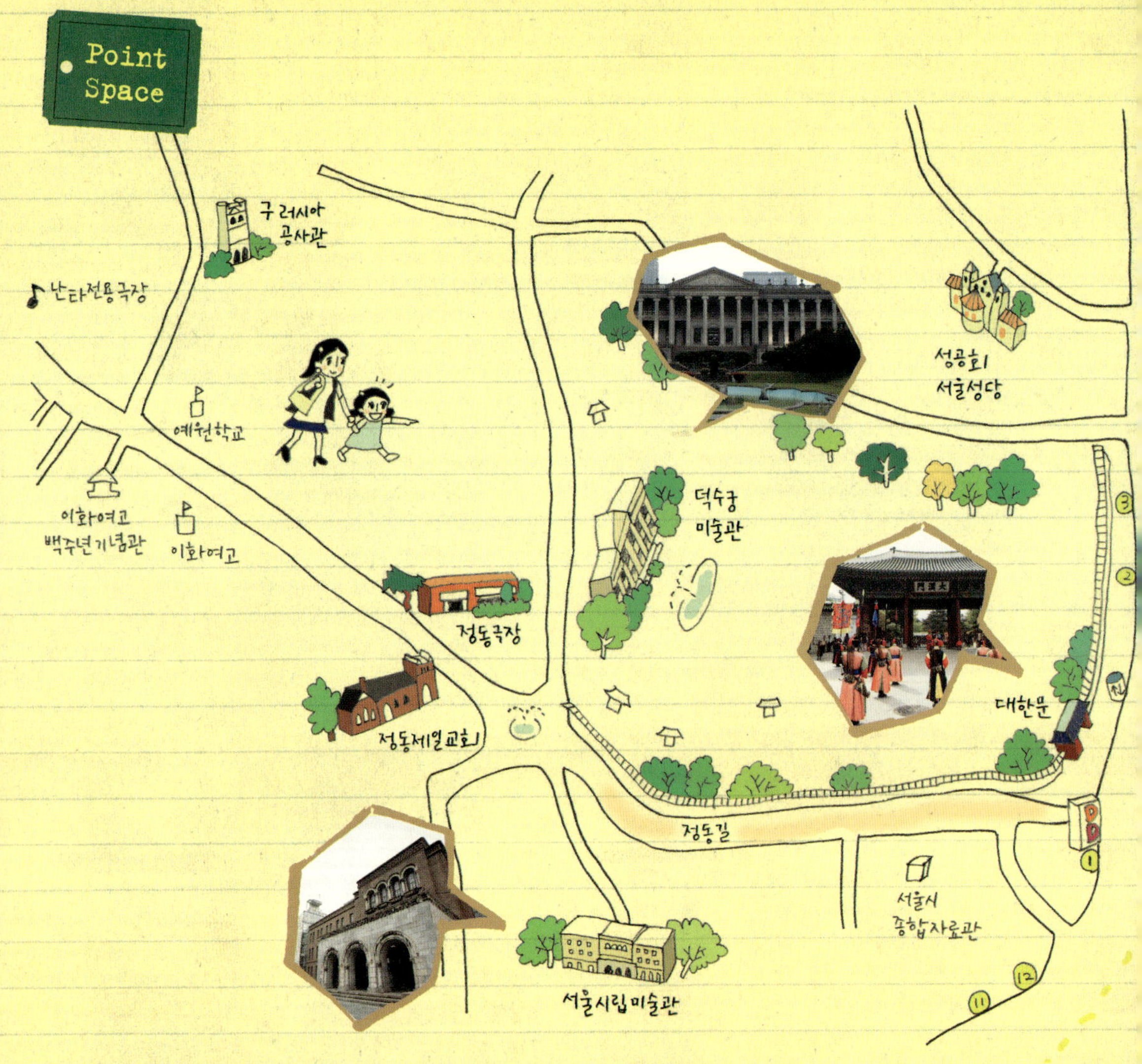

❀ 서울시립미술관 (문의: 1577-8968 / 02- 724-2900)
관람시간: 평일 10:00~21:00 / 공휴일 10:00~19:00
관람료: 성인 700원, 19세 이하는 무료 (단, 특별 전시의 경우에는 별도의 관람료를 받는다.)

☕ 서울시립미술관은요~

엄마 입장료 700원을 준비하면 들어갈 수 있어요. 아트숍은 입장권이 없어도 둘러볼 수 있지만 카페테리아를 이용하려면 입장권을 사야 해요. 19세 미만은 입장료를 받지 않으니 아이들은 무료로 들어갈 수 있어요. 만약 서울역사박물관 등 서울시립문화시설 관람권이 있으면 400원으로 할인받을 수 있으니 기억하세요. 입장료를 내면 상설전시를 관람할 수 있어서 그림도 함께 감상할 수 있어요. 사람 많고 비싼 특별전도 좋지만, 비교적 한적한 상설전시관에서 아이에게 그림 보는 법이나 관람 예절을 가르치는 기회를 가져보는 것도 좋겠네요. 그리고 카페테리아는 모든 음료들이 여느 커피전문점 수준이에요. 싸지도 비싸지도 않은 평균적인 가격이지만, 아이들이 마실 음료는 제값 주고 사주기에는 비싼 것 같아서 음료는 미리 준비해갔어요. 그 대신 브라우니나 쿠키가 맛도 좋고 저렴한 편이라 간식으로 먹였더니 좋아합니다.

또 층별로 깔끔한 화장실이 있어서 걱정 안 해도 되지만, 기저귀 차는 아이들은 1층 안내데스크 옆 수유실을 이용해도 좋아요. 화장실에 기저귀를 갈 수 있는 부스가 있지만 아무래도 북적이니까요. 수유실에 수도시설까지 다 되어 있어 편리하게 사용할 수 있어요. 물론 주차장도 있어요. 주차비는 10분당 800원으로 조금 부담스러워요. 정동길은 시립미술관 외에도 볼거리가 많으니까 차 없이 느긋하게 둘러보고 가는 게 좋겠죠. 그래도 어쩔 수 없이 차를 가지고 왔다면 화살표를 잘 보고 들어가야 해요. 정동길로 진입해서 시립미술관을 지나자마자 왼쪽에 주차장 입구 화살표가 있어요. 지나치지 말고 꼭 따라 올라가세요.

춘천 가는 기차

대성리 기차여행

기차에서 내리니 플랫폼에는

서울행 열차를 기다리는 학생들로 소란스럽다.

모두 까칠해 보이는 얼굴이 어젯밤 무슨 일이 있었는지

말해주는 것 같아 웃음이 나온다.

한때는 나도 이틀은 안 씻은 얼굴을 하고

기차역에 몸을 부리던 때가 있었는데.

그때나 지금이나 똑같은 나인데,

맥주병 나르는 데 쓰던 우람한 팔뚝에 아이를 안고 있다.

시간은 참 많은 걸 바꿔놓았다.

이내 등 뒤로 서울행 기차가 도착하고

청춘들은 자리를 뜬다.

아기엄마가 해야 할 일 중 하나는 각종 캐릭터의 이름을 외우는 것이다. 어린 시절 아톰과 캔디, 밍키와 코난, 바람돌이와 스머프에 열광했던 기분을 살려 뽀로로와 뿡뿡이, 토마스와 코코몽을 기억해야 하는 것이다. 어린 시절 특히 더 좋아하는 캐릭터가 있었듯 지금도 마찬가지다. 어떤 것은 더 정이 가고, 또 어떤 것은 영 마음이 안 가는데 나에게는 토마스 기차가 그렇다. 도대체 비정상적으로 눈만 크게 달린 저 고철덩어리가 왜 좋다는 건지 이해할 수가 없었다. 하지만 놀이의 주체가 아니므로 싫어도 봐야 하는 것이 엄마의 운명이다.

작은 건전지를 끼웠다. 토마스 기차가 빠르게 레일을 돌기 시작한다. 아이와 함께 넋을 놓고 돌아가는 기차를 바라본다. 칙칙폭폭, 지치는 기색도 없이 쉬지도 않고 움직이는 기차. 손가락만 한 작은 모형기차가 달리는 것을 구경하다 문득 옛 생각이 났다. 십수 년 전 저렇게 빠르게 달리는 기차를 혼자 탄 적이 있다. 지방대학에 다니고 있는 친구에게 다니러 간다는 이유였지만, 실은 좀 떠나고 싶었다. 대학생이 되면 열릴 것이라던 새 세상이 영 오지 않았기 때문이다. 새 세상은커녕 고민거리만 더 가득한 나날이었다.

막상 들어가 공부해보니 학과도 안 맞는 것 같았다(사실 공부하기 싫었던 거였겠지만). 게다가 여중·여고 거쳐 어렵게 들어온 남녀공학에 괜찮은 남자도 없었다. 미팅을 해도 나보다 작은 사람이거나, 외모가 마음에 든다 싶으면 대화가 되질 않았다. 또 대학생이라는 이유로 모든 사람들이 나를 '전격' 성인 대접하기 시작했다. 우선 가욋돈이 줄었다. 대학생이라는 이유로 가족모임에 가도 친척 어른들에게 용돈 받기 힘들어졌다. 부모님도 "이제, 성인이니까……"를 늘 말머리에 붙이시며, 지켜야 할 책임과 의무에 대해서 이야기하셨다.

그리고 당시 유행하던 더블버튼 재킷에 밍크브라운 립스틱을 바르고 거리를 활보하면 꼬마 아이들이 "아줌마!"라고 부르기 일쑤였다. 어떤 못생긴 아이가 나에게 아줌마라 했다며 흥분하자 한 친구는, 자기는 더 못생긴 애한테 "돼지" 소리도 들어봤다며 참으라고 했다. 내가 원한 대학생활은 이런 것이 아닌데. 캠퍼스의 낭만은 다 어디에 있는 것인가! 통탄할 일들의 연속이었다. 떠나고 싶었다. 머릿속을 스친 건 춘천에서 대학을 다니고 있는 친구의 자취방이었다. 거기라면, 바람도 쐬고 기분도 풀고 올 수 있을 것이라는 생각이 들었다.

친구에게 전화 한 통 하지 않고 무작정 표를 끊었다. '못 만나면 다시 올라오지 뭐.' 핸드백과 전공서적 두어 권을 들고 기차에 올랐다. 단출한 모습이 오히려 쿨해 보여 기분이 좋아졌다. 옆좌석에 이름 모를 사람을 앉히는 것은 처음이었다. 온갖 낭만이 밀려드는 것 같았다. 통학하는 잘생긴 대학생이나 출장 가는 말끔한 직장인일까, 뭐 말이 통하는 남자다운 군인 아저씨도 괜찮지. 그때 내가 생각한 최악의 시나리오는 수다쟁이 아줌마가 자리를 차지하는 것이었다.

그런데 최악보다 더 나쁜 경우를 어떻게 표현해야 할까. 아, 기차가 출발할 즈음 털썩, 옆자리에 앉은 사람은 나이 지긋한 할아버지였다. 인생을 통찰한 어르신과 한나절을 보내는 것도 물론 추억이 될 일이다. 그러나 그분은 앉자마자 주머니에서 소주 한 병을 꺼냈다. 이미 얼큰하게 취한 얼굴로, 굳이 필요할 것 같지 않은 작은 종이컵에 소주를 따라 한잔하시더니 나에게 말했다. "안주 좀 가져와." 정말 기가 막히고 코가 막혔다. 이제 갓 스물을 넘긴 나이, 큰 잘못 없이 조용히 살아온 인생이었다. 도대체 왜 이런 시련을 겪어야 할까. 자리를 뜨지도 못하게 하며 주정하던 할아버지는, 목적지에 도착할 즈음 잠이 들었다. 이후 기차의 낭만은 기대해서도 믿어서도 안 될 이야기가 되었다. 기억하고 싶지 않은 추억에 잠기는 동안에도 토마스 기차는 여전히 씩씩하게 돌아가고 있었다. 저 혼자 돌아가는 기차가 신기해 집중하고 있는 아이를 물끄러미 바라본다. "기차 타고 싶어?" 아이의 눈이 반짝반짝 빛난다. 갑자기 이제는 기차의 낭만을 이루고 싶다는 생각이 들었다. 그래, 오늘은 사랑하는 내 분신과 찐한 낭만을 만들어봐야지.

컴퓨터를 켠다. 인터넷으로 접속해 기차 시간을 체크한다. KTX, 새마을호, 무궁화호 등 다양한 기차와 역이 나열되어 있다. 기다리는 사람을 찾아가는 것이 아니므로, 그중 하나를 마음대로 선택하면 된다. 커다란 사탕 통에서 무슨 맛을 먹을까, 막대사탕을 고르며 시간을 끄는 아이처럼 선뜻 결정하지 못한다. 이왕 가는 거 가장 빠른 기차를 타볼까, 가까운 곳을 다녀와야 하나. 어서 고르고 나가자며 서두르던 나처럼, 아이가 재촉한다. 습관처럼 클릭한다. 청량리발 춘천행 기차. 소리 내어 발음하는 것만으로 낭만적인, 춘천 가는 기차. 무수히 많은 청춘을 싣고 달리는 기차는 그 자체로 청춘이었다. 그 안에서 불렀던 노래, 주고받던 눈빛, 흘러가던 풍경을 기억한다. 다시 돌아갈 수 없는 시절이지만, 기억할 수 있어 행복한 순간들을 떠올린다.

기차는 50분 간격으로 춘천을 향해 떠나고 있었다. 기차 시간을 확인하고 제일 먼저 냉장고 안에 있는 달걀을 꺼내 삶는다. 아이에게 세상에서 가장 맛있는 달걀을 먹일 생각에 마음이 흐뭇하다. 달걀이 끓는 물속에서 요동을 치는 시간, 서둘러 나갈 채비를 한다. 아이의 여벌옷과 티슈, 손수건을 챙기고 무겁지만 동화책 두어 권을 가방에 넣는다. 특별한 곳에서 이루어진 일상은 오래도록 기억에 남는다. 방 안이 아닌 기차에서 읽은 책은 두고두고 아이에게 추억이 될 것이다. 자 이제 청량리역으로 출발이다. 과연 그때 그 시계탑은 아직도 거기 있을까? 오늘도 엠티를 가는 젊은 무리들이 왁자하게 그 자리를 차지하고 있을까? 생각에 잠긴 사이 버스는, 수많은 버스들이 정차하는 시끌벅적한 청량리역 앞에 선다.

그런데 오랜만에 가본 청량리역은 공사 중이다. 시계탑도 없다. 주말의 시작인 금요일 낮이었지만 떼지어 선 젊은이들도 없다. 짐꾸러미를 들고 느긋하게 걷는 노인들과 외국인 두어 명, 연인 한 커플이 눈에 띈다. 바로 앞에 있는 백화점만 세일을 맞아 분주했다. 청량리역 민자 역사를 새로 짓는 중이라던데, 공사가 끝나면 다시 활기를 찾을까? 조금 섭섭했지만, 한산한 풍경은 아이와 함께 찾는 입장에서 오히려 고마운 일이다. 너무 복잡하면 괜히 급한 마음에 아이에게 걸음을 재촉하기 때문이다.

나들이를 할 때마다 어느 육아전문가의 말을 떠올리는데, 엄마가 아이의 속도에 걸음을 맞춰야 한다는 것이다. 아이가 빠르게 걷는 엄마의 속도에 맞춰 뛰다시피 걷게 되면, 이내 지치고 걷는 일 자체에 흥미를 잃는다고 했다. 그 얘기를 들은 후, 아이와의 나들이에서 제일 중요한 것이 발맞춰 걷기가 되었다. 전에 비해 인기가 덜한 청량리역은 그런 의미에서 우리에게 딱 맞는 곳이었다. 역에 도착해 처음 한 일은 티켓을 끊는 것이다. '남춘천행' 티켓을 끊고 보니 가는 데만 2시간이 넘었다. 딱히 도착해 무얼 할 생각이 아니었는데, 생각보다 시간이 길다. 오가는 4시간에다 중간에 기다리는 시간과 집에 돌아가는 시간까지 계산하니 아이에게 만만치 않은 여행이겠다 싶다.

매표소로 다시 돌아가 표를 바꾼다. '대성리행'이다. 도착하는 데 1시간 정도다. 딱 알맞다. 대합실 스낵 코너에서 음료수를 사고 플랫폼으로 간다. 아이는 티켓을 손에 쥐더니 놓지 않는다. 새로운 물건이 신기하다고 했다. "표는 소울이가 가질게." "잃어버리면 안 돼. 나중에 아저씨 보

청량리역
LOTTERIA
Track No.
경 춘 선 방 면
(대성리, 청평, 가평, 강촌, 남춘천)
타는 곳

여드려야 해." "응!" 막중한 임무를 완수하듯 아이는 작은 손으로 표를 꽉 움켜쥔다. 4호차 55, 56번이 우리 자리다. 걷는 길이 생각보다 길다. 직접 경험한 아이가 말한다. "엄마, 기차 길다, 길다!" '원숭이 엉덩이는 빨개'로 시작하는 노래를 부를 때마다 기차는 높다고 말했는데, 이젠 제대로 부르겠지.

기차에 올라 자리를 찾아 앉는다. 기차는 천천히 움직인다. 하늘과 나무와 바람과도 인사할 수 있을 정도로 칙.칙.폭.폭. 스치는 풍경과 인사를 하고 우리는 준비해온 먹을거리를 펼친다. 소금에 찍은 삶은 달걀과 고구마와 딸기를 먹고 주먹밥도 먹는다. 아이는 주스를, 나는 커피를 마시며 그저 웃는다. 참 행복하다. 입 안 가득 달걀을 넣고 우물거리며 동화책을 꺼내 읽는다. 책 속의 주인공도 우리처럼 기차여행을 하고 있다.

춘 천 가 는
기   차

기차에서 내리니 플랫폼에는 서울행 열차를 기다리는 학생들로 소란스럽다. 모두 까칠해 보이는 얼굴이 어젯밤 무슨 일이 있었는지 말해주는 것 같아 웃음이 나온다. 한때는 나도 이틀은 안 씻은 얼굴을 하고 기차역에 몸을 부리던 때가 있었는데. 그때나 지금이나 똑같은 나인데, 맥주병 나르는 데 쓰던 우람한 팔뚝에 아이를 안고 있다. 시간은 참 많은 걸 바꿔놓았다. 이내 등 뒤로 서울행 기차가 도착하고 청춘들은 자리를 뜬다.

마침 도착한 대성리역도 공사 중이다. 새 역사를 만드는지 예전과 다르게 대합실까지 계단으로 연결되어 있다. 낯선 곳에 도착해 겁을 먹은 아이를 안고, 돌아오는 기차표를 사기 위해 다시 대합실로 나간다. 바로 갈 수 있는 티켓을 끊으려고 하니, 1시간 30분 후에나 있다고 한다. 조금 전 지나간 기차를 탔어야 했던 것이다. 아, 미리 왕복행 티켓을 끊을걸. 현장에서 어떤 일이 벌어질지 몰라 편도만 끊은 것이 후회된다. 작고 예쁜 기차역이지만 작아서 또 아이와 할 일이 없다. 어떻게든 시간을 보내기로 마음먹고 소울이와 역 밖으로 나간다. 큰길가에 서니 눈에 익은 풍경이다. 그동안 오가며 자주 지나던 길이다.

문득 건너편 초등학교가 눈에 띈다. 무작정 길을 건너 초등학교로 들어선다. 수업이 끝났는지, 학교는 한가하다. 몇몇 아이들이 놀이터에서 놀고 있는데, 언니 오빠를 보자 아이 표정이 환해진다. 놀이기구도 동네 놀이터에서 못 보던 것들이었다. 운동장도 넓고, 모래사장도 있다. 우리는 언제 기차 시간을 걱정했냐는 듯 열심히 놀이에 집중한다. 그네를 타고, 정글짐에 오르고, 모래사장에서 두꺼비집도 만들어본다. 초등학교 운동장에서 뛰어놀았던 게 언제였는지. 언제나 내게 주기만 하는 아이는 이제 지난 추억까지도 돌려주고 있다. 좋은 공기를 마시며 커다란 나무 아래서 신나게 놀다보니 어느덧 기차 시간이다. 오늘은 여느 때와 다르게 시간이 천천히 흘러간다. 서두르지 않는 무궁화호처럼 시계바늘은 꾹꾹 힘주어 추억을 찍는다. 오늘도 나의 파트너는 로맨틱 코미디 주인공처럼 잘생긴 남자가 아니다. 하지만 어떠랴. 떠나는 설렘으로 가득 찬 공간에서 또 하나의 추억을 만들고 있는데. 돌아보니 그 시절 주정뱅이 할아버지도 추억이었다. 🌸

☆ 신촌 기차역

청량리역까지 가기 힘들거나, 정말 간단한 기차여행을 원한다면 신촌 기차역을 권한다. 이곳은 1920년 12월부터 역무를 시작했다고 한다. 서울역보다 5년이나 빠르니 우리나라에서 가장 오래된 역사라고 할 수 있다. 이곳은 2006년에 현대식으로 지은 새 역사가 들어섰다. 옛 역사는 단층 건물이지만 배지붕과 삼각형 박공을 강조한 지붕, 목재 지붕틀, 창과 굴뚝 등이 근대 건축물로서의 원형을 제대로 갖추고 있어 2004년 서울시 문화재 136호로 등록돼 광장 옆에 보존돼 있다. 역사 주변에 대형 극장과 쇼핑센터 등이 들어서 예전의 고즈넉한 분위기는 사라졌다. 예전처럼 덜컹거리지 않는 세련된 경의선이지만 임진강까지 가는 이 기차는 미니 기차여행을 하기에 안성맞춤이다. 역 주변에 먹을거리도 많고 구경거리도 많아 기차여행만으로 아쉬운 나들이를 채워줄 수 있는 곳이다. 또 세브란스 병원으로 이어지는 철로 아래 굴다리 그래피티(graffiti)를 구경하며 지나보는 것도 재미있을 것이다. 파랑새, 빨간 자동차, 큰 나무 등 동화책 속에 있을 법한 환한 그림들이 벽을 가득 메우고 있어 아이들을 동심의 세계로 데려다준다.

◈ **신촌 기차역** (문의: 02-1544-7788)
대중교통: 이대 지하철역(2호선) 1번 출구
편의시설: 역사 2층에 편의점, 수유실, 화장실

♪ 춘천행 기차는요~

기차여행을 할 때 꼭 필요한 것은 도시락이에요. 공들여 싸지 않아도 먹을 거리를 꼭 준비하세요. 그래야 덜 지루하고 더 재미있게 다녀올 수 있답니다. 간단한 팁을 하나 알려드리자면, 먼 거리를 여행할 때는 버릴 수 있는 도시락통을 준비하세요. 환경호르몬이 나오는 일회용은 아니고요. 저는 잼이나 소스가 담겨 있던 다 쓴 유리병을 소독해 따로 모아놓았다가, 도시락통으로 사용하는데 아주 편리해요. 유리병이라 위생적이고, 뚜껑이 단단해서 흐르지도 않고요. 다 먹고, 분리수거함에 버리고 올 수 있으니 오는 짐도 가벼워지고 일석삼조지요.

티켓은 36개월 미만의 아이들은 끊지 않아도 되는데, 한 자리씩 차지하고 앉아 편하게 가고 싶다면 아이 좌석도 끊어주세요. 어른 티켓의 20~30퍼센트 가격에 구입할 수 있어요. 하지만 평일 낮에는 빈 좌석이 많으니, 그날의 인파를 눈치껏 살펴서 표를 끊으면 돼요.

만약 대성리에 간다면 돌아오는 기차 시간을 꼭 확인하세요. 생각보다 간격이 길어질 수 있습니다. 미처 표를 끊지 못했다거나, 아이가 힘들어하면 버스를 타고 돌아올 수도 있어요. 기차역에서 서울 방향으로 100미터쯤 올라가면 버스 종점이 있답니다. 버스 요금은 1,700원이고 아이 요금을 안 받으니 금액 면에서는 훨씬 싸요. 평일 나들이라면 서울까지 가는 시간도 별로 안 걸리고요. 상봉역, 청량리역, 잠실역 등 강북, 강남을 두루 가기 때문에 집과 가까운 곳으로 가는 버스를 찾아 타면 됩니다. 배차 간격은 10~15분으로 길지 않아서 편리하게 이용할 수 있어요.

참, 공사 중인 청량리역에 도착하셨다면 계단이 아닌 ‘lift’라고 쓰인 푯말을 따라 오른쪽으로 가면 그곳에 엘리베이터가 숨어 있답니다. 바로 대합실로 연결되니, 힘들게 계단 오르지 마시고 이용하세요. 하지만 플랫폼은 계단을 이용해야 하니까 가급적 유모차는 두고 가면 좋겠어요.

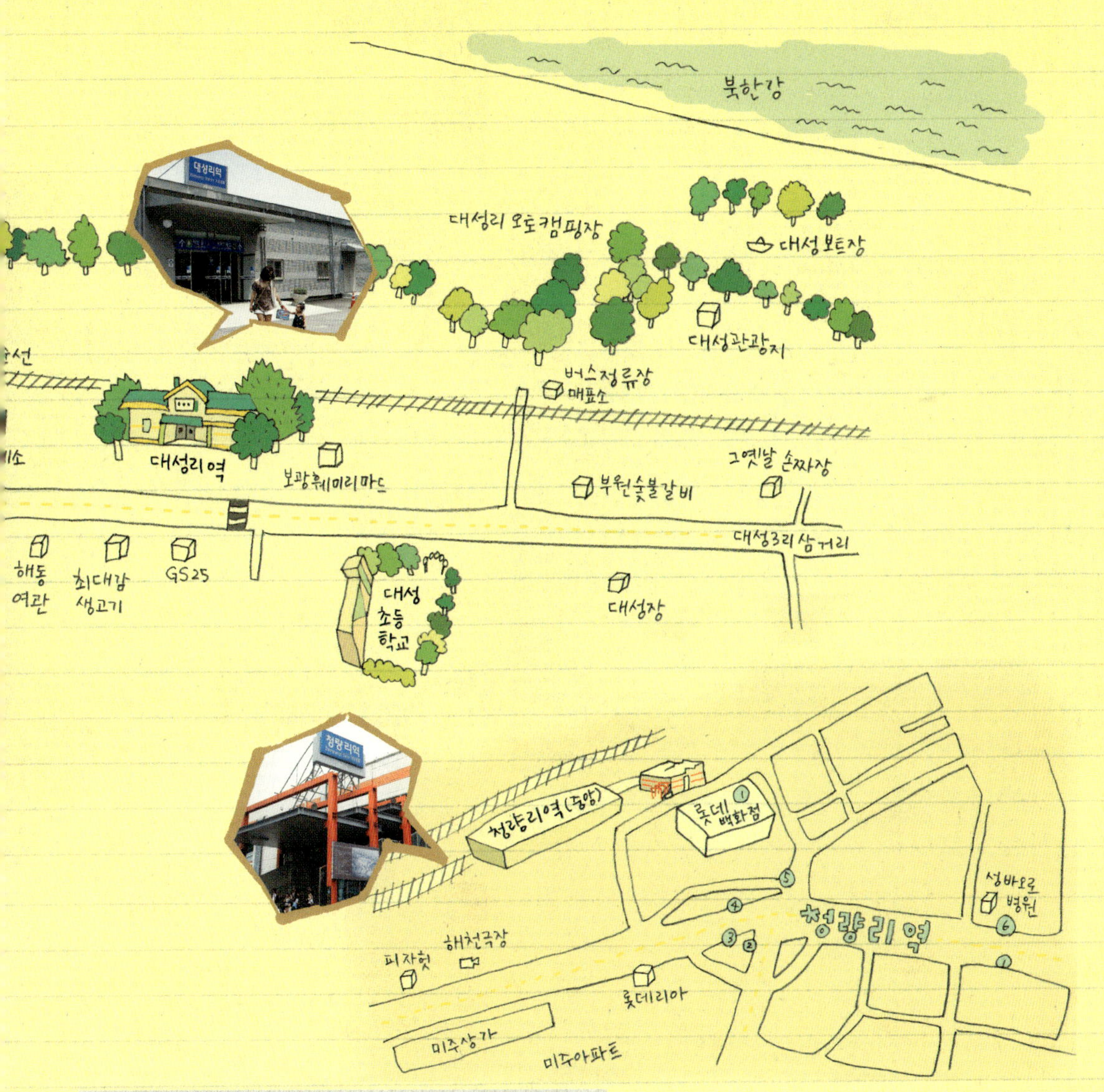

❀ **청량리역** (문의: 02-3299-7212)
운행시간: 남춘천 방면(첫차 06:15 / 막차 22:20)
편의시설: 역사 3층 맞이방(편의점, 매표실, 놀이방, 유실물센터 등),
　　　　　 장애인을 위한 도우미 시스템

우리 엠티 갈까

우이동 계곡

아이가 생기고 편안하게 술 한잔 나눈 기억이 없었다.

그전엔 부부동반 모임이나 퇴근길 집 앞 호프집에서 목을 축이며

이런저런 이야기를 나누곤 했는데, 이제 그런 여유는 사치가 되었다.

모임에 함께 참석하는 일은 있을 수도 없고,

대표로 출전한 한 사람은 집에 있는 사람이 신경 쓰여

쫓기듯 한잔 털어넣고 부리나케 집으로 돌아오곤 했다.

어쩌다 집에서 맥주라도 마셔볼까 해도 괜히 술에 취해

아이를 제대로 돌보지 못할까 걱정스러워 마음을 접고 지냈다.

그래서 이참에, 엠티라는 이름으로 나들이를 나온 길에

편하게 한잔하며 시간을 보내기로 한 것이다.

엄마와 아이는 한 팀이 되어야 한다. 누가 먼저고 누가 나중일 것도 없이 서로 대등한 위치에서 균형 있게 팀을 꾸려야 한다. 때문에 아이와 내게 절실하게 필요한 것 중 하나가 멤버십이다. 같은 팀의 구성원이라는 사실, 이것을 늘 잊지 않아야 한다. 엄마도 아이도 팀의 발전을 위해 서로를 존중하며 노력해야 하는 것이다.

그런데 좀더 나은 팀을 꾸리기 위해서는 한 명의 팀원이 더 필요하다. 바로 아빠다. 하지만 너무 바쁜 이 팀원은 함께해야 할 시간에 빠지기 일쑤다. 만나기 힘든 이 팀원을 대신해 팀의 주장인 엄마는 두 배의 역할을 해야 한다. 아이를 키우면서 살림도 해야 하는 것이다. 말은 술술 쉽게 나오지만, 습기를 잔뜩 먹어 공기가 축축하던 그날 나는 결국 걸레를 집어던졌다. 남편이 쉬는 날, 잠시 휴가를 받아 혼자만의 시간을 보낸 바로 그 다음 날이었다.

그날따라 태양은 뭐가 부끄러운지 도무지 얼굴을 비추지 않았다. 반쯤 밝고, 반쯤 어두운 집은 가관이었다. 청소를 하루 거른 아이 있는 집, 딱 그 꼴이었다. 색종이 뭉치 위에 퍼즐과 컬러 찰흙이 뒤엉켜 있었다. 인형들이 총출동해 제자리를 못 찾고 있었다. 과자 부스러기와 과일 껍질이 바닥에 나뒹굴었다. 일단 아이를 먹이고 청소를 시작했다. 빨랫감이 금방 수북해졌다. 세탁기를 돌리고, 손빨래해야 할 것들을 세제 푼 물에 담가놓았다. 이불을 털고 청소기를 밀고 걸레질을 시작했다. 걸레는 이내 새카맣게 변했다. 놀아달라고 보채는 아이에게 커다란 스케치북과 크레파스를 쥐어주고 욕실에 들어가 빨래를 시작했다. 세탁기에 돌리면 망가지는 빨랫감을 처리하고 걸레에 제 색을 돌려주려는데 욕실 바닥이 거슬렸다. 철 수세미를 꺼내 구석구석 타일을 닦아내니 좀 후련했다.

그리고 다시 빨래판 위의 걸레에 손을 올려놓는데, 부아가 치밀었다. 왜 아빠들은 아이를 보며 청소를 하지 못하는 걸까. 왜 그들은 아이를 보며 밥을 못 하고, 분류된 손빨래를 못 하고, 설거지를 못 하고 하다못해 아이 머리 감기는 것도 겁을 내며 못 하느냐 말이다. 아무리 남자라는 동물이 한 번에 한 가지 이상의 일을 할 수 없는 구조라지만 너무한다는 생각이 들었다. 엄마들은 다 한다. 아이를 먹이고 재우고 세끼 밥을 하고 간식을 만들고 청소와 빨래를 하고 다림질을 하고 장을 보고 장난감 정리를 하고 책을 읽어주는 따위. 집안이 굴러갈 수 있는 최대한의 것들 전부 다.

억울하다는 생각이 든다. 팀의 주장 입장에서 이러면 안 되겠다 싶다. 멤버십 트레이닝이라도 해야 하나. 화를 누르고 신랑에게 전화를 한다. "주말에 엠티 가자." 놀란 눈치다. 그래 학창 시절처럼 놀지는 못하겠지만, 계곡 옆 평상 위에서 술 한잔하며 허심탄회하게 대화 한번 해보자구. 우리 팀의 발전을 위해서 말이지.

우리는 정말 엠티라도 가듯 짐을 싸들고 집을 나섰다. 아이 때문에 웬만하면 가족 나들이에 차를 가져가지만 이번엔 달랐다. 대중교통을 이용해야 했기에 커다란 가방에 아이 낮잠 재울 담요며 여벌옷과 먹을거리를 준비했다. 계곡에 들어갈 것을 대비해 장화에 어른들 여벌옷까지 준비하니 짐이

만만치 않았다. 잠깐 고민이 스쳤지만 이내 마음을 고쳐먹었다. 이왕 가는 거 편하게 술이나 한잔하면서 회포를 풀자고 합의를 봤기 때문이다.

아이가 생기고 편안하게 술 한잔 나눈 기억이 없었다. 그전엔 부부동반 모임이나 퇴근길 집 앞 호프집에서 목을 축이며 이런저런 이야기를 나누곤 했는데, 이제 그런 여유는 사치가 되었다. 모임에 함께 참석하는 일은 있을 수도 없고, 대표로 출전한 한 사람은 집에 있는 사람이 신경 쓰여 쫓기듯 한잔 털어넣고 부리나케 집으로 돌아오곤 했다. 어쩌다 집에서 맥주라도 마셔볼까 해도 괜히 술에 취해 아이를 제대로 돌보지 못할까 걱정스러워 마음을 접고 지냈다. 그래서 이참에, 엠티라는 이름으로 나들이를 나온 길에 편하게 한잔하며 시간을 보내기로 한 것이다.

수유역에 내려 3번 출구를 찾아 나간다. 학교, 시장, 사람들이 뒤엉켜 그야말로 사는 냄새가 진동한다. 참 좋다. 비교적 한산한 주말인데도 바삐 오가는 사람들 틈에 있자니 정말 어디론가 떠나는 기분이다. 우리는 중앙차로를 지나는 버스를 타기 위해 길을 건넌다. 우이동 도선사 입구까지 가는 버스가 저 너머 횡단보도를 지나 달려온다. 아이는 아빠 몫, 짐은 엄마 몫이다. 조금이라도 힘이 좋은 사람이 제일 중요한 걸 맡아야 하는 것이 이치니까.

버스를 타고 아담한 소나무가 지천인 곳을 지나자 곧 우이동이다. 버스는 차고로 들어가는지 종점에 선다. 아이를 안고 불안하게 내릴 걱정을 하지 않으니, 그것도 참 좋다. 천천히 버스에서 내리고 보니, 종점에 제법 많은 노선의 버스가 있다. 만약 아이와 엄마 둘만의 나들이를 계획한다면 굳이 지하철을 이용하지 않고도 올 수 있을 듯하다. 서울 시내 중심가를 거치는 버스들이 제법 많아서다. 정류장을 나와 뒤를 돌아보니 큰 언덕길이 화려하다. 음식점과 등산용품 가게가 빼곡한데 생각보다 길도 넓다. 십여 년 전 엠티 왔던 그곳 맞나? 하도 오래되어 기억이 가물가물하다. 하지만 아무래도 아닌 것 같아 큰길가로 다시 내려와 로터리 쪽으로 올라가본다. '도선사 입구' 라는 그 언덕 입구보다 조용한 모습의 마을 입구에 '우이동 먹거리 마을'이라는 커다란 아치형 간판이 보인다. 그래, 저기야. 우리는 걸음을 재촉한다. 엄마 아빠 뒤통수만 보고 이동하는 자가용을 싫어하는 아이는 신이 났다. 버스 안에서부터 조잘조잘 할 말이 많다.

먹거리 마을 입구에 들어선다. 여기가 서울 맞나 싶다. 우리는 분명 4

호선을 타고, 서울특별시의 파란버스를 타고 이곳에 도착했는데 공기가 다르게 느껴진다. 돌담이 늘어선 언덕길이 운치 있다. 가장자리 흙길도 보송보송하다. 소울이는 이미 흥분 상태다. 우리도 십수 년 전 그때로 돌아간다. 세상을 궁금해하며 그저 행복하던 시절로. 같은 과 선후배 사이인 우리 부부는 그 시절 추억을 떠올린다. 추억 속 사람들을 떠올리고, 안부를 궁금해한다. 그리고 안부를 묻지 않아도 되는 사이가 되어 다행이라고 이야기한다. 며칠 전 걸레를 집어던지던 나는 온데간데없다. 그 자리에 선배들을 졸졸 따라다니며 해맑게 웃던 신입생 아가씨가 서 있다. 집안일 제대로 돕지 않는 신랑도 보이지 않는다. 믿음직하게 짐을 들고 하룻밤 묵을 민박집을 찾던 선배의 모습일 뿐이다.

여행은 이래서 의미가 있다. 어느 길 위에 서 있는 것만으로, 작은 상처쯤은 치유할 수 있다. 두 멤버가 열심히 멤버십 트레이닝을 하고 있는 사이, 나머지 한 멤버는 돌담에 기대 활짝 웃고 있다. 신기한지 쓰다듬어보고 손을 대고 한참 서 있다. 길가에 소복이 내려앉은 높지도 낮지도 않은 돌담. 투박하지만 맛깔나는, 정겨운 할머니 밥상 같다.

우리는 천천히 돌담을 지나며 매미 울음소리를 듣는다. 도시의 불청객이 주인이 되어 우리를 맞이한다. 아이는 매미 울음소리를 따라하며 대문 없는 음식점들을 들여다본다. 아기자기한 꽃 정원이 있는 곳, 나무 물레방아가 차르르 소리 내며 물레를 돌리고 있는 곳, 조금 어설프지만 간이 분수가 있는 곳 어느 곳에 자리를 잡을까 이리 기웃 저리 기웃 한다.

그 사이 우리는 계곡을 지나고, 그 너머 있는 산장에 자리를 잡는다. 자

우   리
엠 티 갈 까

054
PLAY #01
MEMORY

055
우 리
엠 티 갈 까

갈이 깔린 바닥 위로 널따란 평상이 놓여 있다. 음식을 주문하고, 아이와
아빠는 벌써 장화를 꺼내 신고 계곡으로 달려간다. 부녀가 신나게 노는 동
안 가져온 책을 읽는다. 기분 좋은 바람이 우리를 스친다. 이제 음식이 나
오면 술 한잔하며 못다 한 얘기를 해야겠다. 힘들지만 행복하고, 서운해도
사랑한다고. 그러니 앞으로도 우리 잘해보자고. 건배! 🌷

❀ 솔밭근린공원

덕성여대 앞에 자리한 이 공원은 빼곡히 들어선 키 큰 소나무가 인상적인 테마 공원이다. 올해 초 서울의 몇몇 버스정류장에 소나무를 심어 화제가 되기도 했는데, 이 공원은 자연스럽게 형성된 소나무 군락지라 더욱 눈길을 끈다. 보통 구릉에서 서식하는 소나무와 다르게 평지에 터를 이루고 있어 많은 사람들이 찾아 쉬기에 더없이 좋은 곳이다. 안으로 들어가면 바로 접한 도로의 자동차들이 무색할 정도로 자연의 모습에 빠져들게 된다. 또 은은히 풍기는 소나무향이 있어 더 매력적이다. 공원 한가운데 위치한 송림정, 돌에 새겨진 「가노라 삼각산아」라는 시와 지압산책로 등은 볼거리와 놀거리를 제공하기도 한다. 우이동 나들이를 계획했다면, 소나무 우거진 북한산의 앞뜰에서 솔향기에 빠져보는 것도 좋겠다.

❀ 남한산성도립공원

지역적으로 우이동까지 움직이기 힘들다면 남한산성도립공원을 가족 엠티장소로 추천한다. 남한산성은 꽃과 나무가 많아 자연을 만끽하며 회포를 풀기에 더없이 좋은 곳이다. 행정상 광주시로 되어 있지만, 강남 잠실 등지에 오가는 버스가 많고 1,000원으로 종일주차가 가능할 정도로 주차시설도 잘되어 있다. 백제가 하남 위례성에 도읍을 정한 이후 백제인에게 남한산성은 성스러운 대상이자 진산이었다. 이곳에는, 백제의 시조인 온조대왕을 모신 사당인 숭열전이 자리 잡고 있는 등 역사적으로도 기억할 곳이 많아 아이들에게 산 교육을 실천하기에도 좋다. 등산로답게 먹을거리도 풍부해 아이들과 자연의 맛을 느끼기에도 안성맞춤이며, 솔잎이 푹신하게 깔린 솔밭공원이 있어 가족들의 상쾌한 나들이에 방점을 찍는다.

❀ **남한산성** (문의: 031-743-6610)
입장요금: 무료 / 주차요금: 1,000원(종일주차)
기타시설: 역사관(관람시간 10:30, 13:30, 14:30)

🐦 우이동 계곡은요~

우이동은 계곡이 좋아요. 집 주변에서 흔히 볼 수 없는 곳이니까 아이에게 즐거운 놀이터가 될 거예요. 조금 귀찮아도 장화나 여벌옷을 준비해서 신나게 놀게 해주세요. 글에서는 가족끼리 간 것을 소개했는데, 저는 친구들하고 아이를 데려가기도 해요. 특히 여름에 아주 시원해서 피서가 따로 없답니다. 에어컨 바람과는 차원이 다른 시원함이 있어요. 나무가 우거져서 아주 쾌적하다고나 할까요. 그리고 식당마다 마당이 넓은 편이라 주차 걱정이 없어 차를 가져가기도 좋아요. 차를 가져갈 때는 자전거나 자동차 같은 승용완구를 챙겨가세요. 마당에서 태워줄 수 있거든요. 아니면 보드게임이나 커다란 퍼즐 같은 것을 가지고 가서 평상에서 맞추며 놀아도 좋고요.

음식은 주로 백숙을 시키는데 가격은 3~4만 원 정도예요. 한 가족이 먹기 좋고, 엄마 아이 가족이면 두세 가족 배부르게 먹을 수 있답니다. 또 죽이 같이 나오기 때문에 아이 먹을거리는 걱정하지 않아도 돼요. 물론 바깥 음식에 적응하지 못하는 영유아들이라면 집에서 간단히 준비해가야 하겠지만, 돌이 지나 밥을 먹기 시작한 아이들이라면 먹기 좋답니다. 아, 마지막으로 제가 꼭 빼놓지 않고 가져가는 것이 두 가지 있는데요. 모기예방 로션과 담요입니다. 아무래도 산 아래다보니 모기가 많아요. 힘없는 동네 모기와는 또 다르더군요. 그래서 꼭 모기예방 로션을 챙겨가요. 담요는 실컷 놀고 배까지 채운 아이를 위한 배려지요. 평상은 그냥 나무이거나, 돗자리가 깔려 있는데 잘 때 배기고, 찬 기운이 있어서 아이가 잠들었다고 그냥 재우면 감기 들기 십상이거든요. 어쨌든 한번 가보면 또 가고 싶을 정도로 매력 있어요. 마치 어릴 적 놀러 갔던 시골 외갓집 같은 느낌이라고 해야 할까요.

도봉산
그린
파크
어랑
중촌가는길
대동강
우이
사슴
그랜드
바베큐
그린하우스
울터
두부
마을
우이동
차고기지 점
언덕
우이동 먹거리마을
우이동 먹거리 마을
입구
우이동
도선사 입구
태평
가든
우이동길
두온
리치벨리
지리산
흑돼지
우이천
하나은행
훼미리마트
우이동 먹거리 마을
JINRO

공항 가는 길

인천공항철도

아, 그녀들은 스위스만큼 황홀한, 공항이 가진 중립의 매력을 아직 모르고 있었다.

나는 굴하지 않고 공항만의 매력과 그냥 돌아와도

결코 허전하지 않을 공항의 볼거리로 그녀들을 설득했다.

출국하지 않아도 활주로의 비행기를 볼 수 있는 스카이라운지가 있어

아이들에게 진짜 비행기를 제대로 보여줄 기회라고 꼬드겼다.

그렇다면 아이가 좋아할 거라며 결국 공항여행을 약속했다.

우리는 어쩔 수 없는 엄마들이었다.

나가는 곳
1 2 3
국제선
International Terminal
國際線
국내선
Domestic Terminal
國內線
공항
철도
갈아타는 곳
Transfer | 換乘
9
미개통구간
갈아타는 곳
Transfer | 換乘
5110-112

상상 속의 여행은 언제나 친절하다. 그 속에는 알싸한 이국의 풍경과 썩 잘 어울리는 내가 서 있다. 그러나 현실은 다르다. 떠나보면 안다. 여행은 일상의 소중함을 깨닫기 위한 고행의 길이다. 일상을 탈피하고자 떠난 여행길에서, 가장 먼저 떠오르는 것은 잠시나마 떨어져 있는 일상의 주변인들이다. 도착의 설렘과 흥분이 사그라들면, 낯설고 또 낯선 곳에서 동그마니 혼자라는 사실에 사무친다. 두고 온 사람들, 두고 온 일상이 미치도록 그립다. 그제서야 느낀다. 여행의 준비가, 그 시작이 가장 설레는 일이라는 걸. 그래서 나는 공항이 좋다. 상상과 현실의 중간에 있는 공항은 정말이지 짜릿하다. 공항에서 나는 현지인이기도 하고 이방인이기도 하다. 그곳에서 나는 바람이기도 물이기도 하고 떠날 수도 머무를 수도 있다.

별 좋은 어느 날 우리는 각자의 열매를 옆에 앉히고 돈가스를 먹으며 대화를 나눴다. 무거운 소스가 얹힌 양배추처럼 상처받고 있는 우리의 영혼에 관한 이야기였다. 육아 스트레스, 가족의 무관심, 닳아 없어질 것 같은 자신감을 어떻게 이겨낼 것인지가 그날의 화두였다. 그간의 체험담은 그야말로 눈물의 수기였다.

"하루 중 나를 위한 시간은 거의 없다고 봐야 해. 눈을 뜨면서부터 누군가를 위한 일들을 해야 하거든. 누군가를 위해 밥을 하고, 장을 보고, 청소를 하고, 하다못해 잠도 누군가를 위해 자야 해. 나는 도대체 어디로 간 걸까?" "거울을 보다가 깜짝깜짝 놀라. 아이 낳고 3주 만에 처녀 적 몸매를 회복했다는 연예인들을 보면 그냥 조용히 채널을 돌려. 모유 수유로 살을 뺐다는 이야기도 믿을 수가 없어. 젖꼭지가 헐도록 수유를 했는데, 내 옆구릿살은 왜 이런 거니?" "살 얘기, 하지도 마. 지난 주말엔 드디어 신랑이 내 청바지를 빌려입었어. 나 이러다 운동선수 될 것 같아." "제일 듣기 싫은 말이 유난 떤다는 거야. 남들 다 키우는 아이 키우면서 너는 참 별나기도 하다. 우리 어머님이 요즘 가장 자주 하는 말씀이셔." "맞아, 이건 뭐 우물에서 기저귀 빨던 때랑 비교하시니, 어디 당해내겠니. 그때야 대가족이니까 할머니도 봐주고 할아버지도 봐주고, 고모 삼촌에 애 봐줄 사람이 좀 많았냐고. 지금이랑 환경이 다르지."

신세 한탄하랴, 아이 밥 먹이랴 정신이 없어 사이드 메뉴로 나온 우동 가락이 코로 들어갈 뻔했을 때, 젓가락을 내려놓고 제안했다. 지긋지긋한 일상에서 벗어나 새로운 기운을 충전해야 할 시간이 절실하다. 우리에게는 치유의 시간이 필요하다. 모두들 동의했다. 문제는 언제 어느 곳으로 떠나느냐였다. 우선 아이와 함께 갈 수 있어야 하고, 확실히 기분 전환이 되어야 하며, 조금은 우아하게 여행을 할 수 있는 곳. 아무리 생각해도 그런 곳은 없었다. 고민 끝에 떠오른 곳이 있었다.

"우리 공항으로 여행 갈래?" 들뜬 마음에 소리치듯 이야기하는 나에게, 친구들은 우동 가락이 코로 나오는 소리를 한다며 코웃음을 쳤다. 면세점 쇼핑도 못 할 텐데 쓸데없이 거길 왜 가냐며 타박을 했다. 말도 안 되는 소리 말고, 주말에 신랑에게 아이를 맡기고 차라리 단식원이나 가는 게 어떠냐고 했다. 가평 어디쯤 2박 3일만 갇혀 있으면 묻지도 따지지도 않고 군살을 쏙 빼주는 곳이 있다고 했다. 다들 그거 동한다며 가격은 얼마냐, 진짜 빠지기는 하는 거냐며 단식원에 들어갈 기세였다. 아, 그녀들은 스위스만큼 황홀한, 공항이 가진 중립의 매력을 아직 모르고 있었다. 나는 굴하지 않고 공항만의 매력과 그냥 돌아와도 결코 허전하지 않을 공항의 볼거리로 그녀들을 설득했다. 출국하지 않아도 활주로의 비행기를 볼 수 있는 스카이라운지가 있어 아이들에게 진짜 비행기를 제대로 보여줄 기회라고 꼬드겼다. 그렇다면 아이가 좋아할 거라며 결국 공항여행을 약속했다. 우리는 어쩔 수 없는 엄마들이었다.

공항철도 노선도
5. 27. 28
5. 27. 28

2009년 제10회 울주
외고산옹기축제
2009.10.22(목) ~ 2009.10.25(일)
김포공항

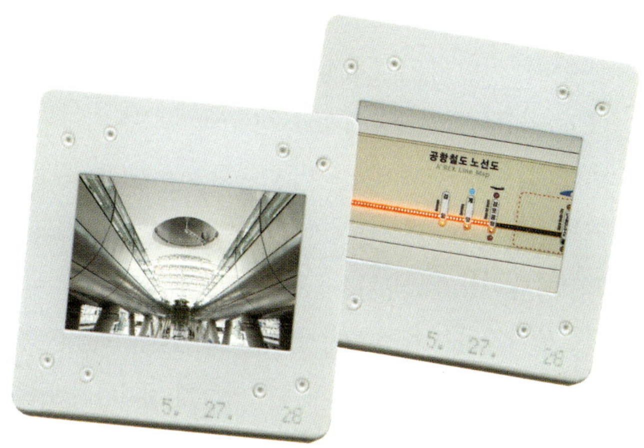

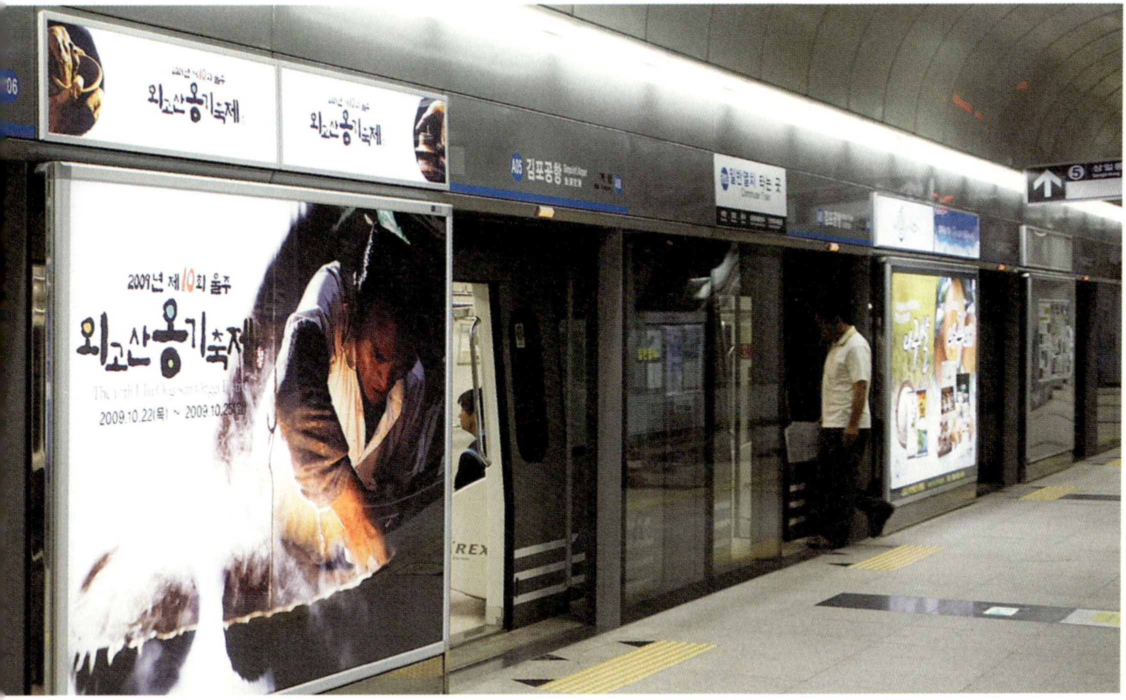

우리는 이왕 가는 거 공항철도를 이용하기로 한다. 진짜 여행을 떠나는 것이 아니니 무거운 짐도 없고, 이럴 때 아니면 언제 탈까 싶은 마음 때문이다. 김포공항역에서 우리는 얼굴도 마음도 홀가분하다. 큰 짐을 들고 이동할 여행객을 배려해서인지, 공항철도를 타러 가는 길은 다른 환승역보다 수월하다. 계단이 아닌 낮은 경사면으로 통로를 연결해놓았다. 이동하면서 유모차를 메지 않고 움직일 수 있다는 사실이 정말 반갑다. 게이트 또한 널찍해서 그냥 우리는 우아하게 지나가기만 하면 된다. 전세기 타고 공항을 빠져나오는 '안졸리나 졸리나'나 '빅토리아 배큼' 같다며 오랜만에 다들 함박웃음을 짓는다.

드디어 열차에 탑승, 이번엔 아이들의 입에서 탄성이 나온다. 늘 북적이는 인파 속에서 이동해야 했는데, 비교적 한산하고 깨끗한 열차에 자리를 잡고 앉으니 그저 신이 나는 모양이다. 우리가 탄 칸에는 일행뿐이다. 엄마들은 민폐 끼칠 이웃들이 없을 때 실컷 떠들며 놀라고, 조금 분주한 아이들의 모습을 눈감아주기로 한다. 그러나 여기 앉겠다, 저기 앉겠다고 오며 가며 떠들던 아이들의 왁자함은 이내 잦아든다. 창밖의 풍경이 더 신기하고 재미있기 때문이다. 시원하게 뻥 뚫린 도로를 큰 창으로 내다보며 달리는 기분이 꽤 괜찮다.

그러나 그것은 시작에 불과했다. 드디어 바다를 건너 공항이 있는 섬으로 가는 길, 풍경이 예사롭지 않다. 서해 바다는 언제나 그렇듯 점잖은 모습이다. 절대 늙지 않을 것 같은 친구가 동해이고, 재주 많은 친구가 남해라면, 서해는 언제나 조용히 고개 끄덕여주는 친구 같다. 어떤 사람들은 푸르지도 맑지도 않은 바다라고 통박을 주지만, 개펄을 통해 많은 생명을 품고 있는 서해야말로 진짜 바다 중의 바다가 아닐까? 생명을 잉태하고 낳아 기르는 우리 엄마들이 진짜 여자 중의 여자인 것처럼 말이다. 수다를 잠시 멈추고 짧은 사색에 잠기는 사이, 열차는 영종대교를 지난다. 운전대를 잡고 앞만 보며 달릴 때는 몰랐던 많은 것들이 보인다. 육지와 섬을 연결한 인간의 위대함과 한 치 흐트러짐 없는 자연의 모습이 경이롭다. 아이들은 무슨 생각을 하고 있을까? 달리는 열차 안에서 바다를 보는 것이 그저 신기하기만 한 걸까? 어쨌든 30여 분을 달리는 동안 보채거나 짜증 내는 일 없이 인천국제공항에 도착한다.

국제선도착 | 国際線到着・国际线到达
International Arrivals

열차에서 내려 우리가 향한 곳은 여객터미널이 아닌, 한 층 위에 있는 '스타가든' 이라는 실내정원이다. 공항철도 이용객을 위해 만들어진 이 실내정원은 인천국제공항 내 정원 중 가장 큰 규모라고 한다. 아담한 길을 따라 들어가니, 야생화와 자연석으로 꾸며진 자생초 화원, 다양한 색깔의 꽃을 감상할 수 있는 컬러가든, 제주도 남쪽 섬섬에서 자생하다 멸종된 나무고사리로 조성된 아열대원, 수경정원, 시원한 대나무 터널 등이 있다. 열차에 흥분했던 아이들이 통 집중을 하지 않아 한번 쓱 훑어보고 나왔지만, 아이들이 조금 크면 식물도감을 들고 와 자세히 살피면 좋을 것 같다.

어쨌든 우리는 이제 비행기를 보러 가기로 한다. 여객터미널 4층 '파노라마 라운지' 가 우리 목적지이다. 유명 호텔에서 운영한다는 이 레스토랑은 느긋하게 식사를 하면서 넓은 창 너머 활주로를 볼 수 있는 곳이라고 한다. 다시 아이들을 유모차에 태우고 우리는 여객터미널로 출발한다. 출국터미널에 들러 천천히 걸으며 떠나는 사람들의 들뜬 마음을 느껴본다. 서점에 들러 책도 뒤적이고, 쇼핑센터에서 괜히 진열품을 구경하기도 한다. 다음번엔 진짜 여행가방 하나씩 챙겨 어디론가 떠날 꿈을 꾸면서. 출발 후 시간이 좀 지났으므로 우리는 기저귀와 손씻기 등 아이들 점검에 들어가기로 한다. 인천공항에는 면세구역이 아닌 일반구역에 총 네 군데의 유아휴게실이 있다. 도착층인 1층과 출발층인 3층에 동·서쪽 한 군데씩 위치하고 있어 가까운 곳을 찾아 편리하게 이용할 수 있다. 'Nursing Room' 이라는 표지판이 보였다. 3세 이하의 유아 및 보호자 임산부 등이 이용할 수 있다는데, 아이들을 돌볼 수 있도록 수유실과 기저귀갈이대, 소파, 세면대, 정

071
공　　　　항
가　는　길

수기 등이 갖춰져 있다. 평소엔 보이지 않던 곳이었는데, 세계 1위 공항답
게 깔끔하고 조용해 엄마들이 아이와 함께 잠시 휴식을 취하기에 더없이
좋다. 덕분에 급한 용무를 해결하고 우리는 4층으로 올라간다. 레스토랑은
맨 왼쪽에 있다. 시간을 잘 맞춰서 그런지 창 앞자리가 비어 있다. 음식값
은 조금 비싸지만, 오늘만큼은 여행 대신 호사를 누리려고 마음 먹은 터라
기분 좋게 식사를 한다. 비행기를 타고 여행을 가면 오히려 보기 힘든 비행
기의 모습을 제대로 감상하는 아이들. 날개도 보고 꼬리도 보고, 우우웅 날
아가는 모습도 보며 즐거워한다. 그리고 우리의 수다는 그 어느 때보다 즐
겁다. 이번만큼은 자리만 차지하는 양배추가 아닌, 메인 요리 같은 행복한
우리의 삶에 대해 이야기를 나눌 수 있었으니까. 🌼

☆ 형제의 섬, 신도, 시도, 모도

인천공항 가는 길, 눈부시게 아름다운 섬이 있다. 바로 형제섬 신도, 시도, 모도가 그 주인공이다. 드라마 〈풀하우스〉의 촬영장으로, 아름다운 바닷가 조각공원으로 조금씩 알려지고 있는 섬이다. 영종도 인천공항전용도로를 달리다 화물터미널 표지판을 따라 오른쪽으로 빠져 5분 거리의 삼목선착장에 당도한 후, 배에 몸을 싣고 1.7킬로미터, 10여 분만 기다리면 닿을 수 있다. 이른바 형제 섬이라는 경기도 옹진군 북도면 신도, 시도, 모도는 모두 다리로 연결되어, 배가 닿는 신도에서부터 단번에 세 섬을 모두 둘러볼 수 있다. 또한 각각의 섬이 저마다 다른 느낌의 여행 코스를 갖추고 있어 그 재미가 더욱 특별하다. 배가 먼저 닿는 신도는 구봉산을 중심으로 좁은 면적에 비해 비교적 많은 농지를 갖춘 섬이다. 대부분의 주민들이 농업에 종사하는 평범하고 소박한 모습의 섬이다.

신도의 백미는 해발 178미터의 구봉산. 정상에 오르면 인천공항과 비행기 이착륙 장면을 한눈에 내려다볼 수 있다. 또한 산림욕을 겸할 수 있는 완만한 경사의 등산로가 있어 등산과 섬 나들이를 함께할 수 있다. 배에서 내린 자동차는 연이은 연도교를 지나 모도로 향한다. 모도는 '해변의 미술관'으로 불리는 섬이다. 바로 '배미꾸미 조각공원'이 있기 때문. 조각가 이일호씨가 빚은 대형 조각 30여 점이 해변에 정돈돼 주변의 풍광과 기묘한 조화를 이룬다. 대부분이 에로틱한 형상을 띤 조형작품 너머로는 드넓은 바다와 소나무숲. 조각공원은 카페와 펜션을 겸하고 있다.

모도 '배미꾸미 조각공원'을 뒤로하고 거슬러 올라가면 시도가 나온다. 시도는 신도의 3분의 1만한 작은 섬. 시도의 대표적인 명소 '수기해수욕장'은 넓은 백사장이 활처럼 길게 휘어져 있고 그 아래로 갯벌이 시원스럽게 펼쳐져 생태체험장으로도 손색이 없다. 게다가 그 뒤로 울창한 소나무 숲이 펼쳐져 있어 마치 외국의 어느 해변에 와 있는 듯 이국적인 정취를 물씬 느낄 수 있다.

❀ **신도** (문의: 032-899-3410)
교통편: 배편(삼목선착장↔신도)
07:00~18:30(매시 10분 삼목 출발, 매시 30분 신도 출발, 약 1시간 간격)

Point
Space

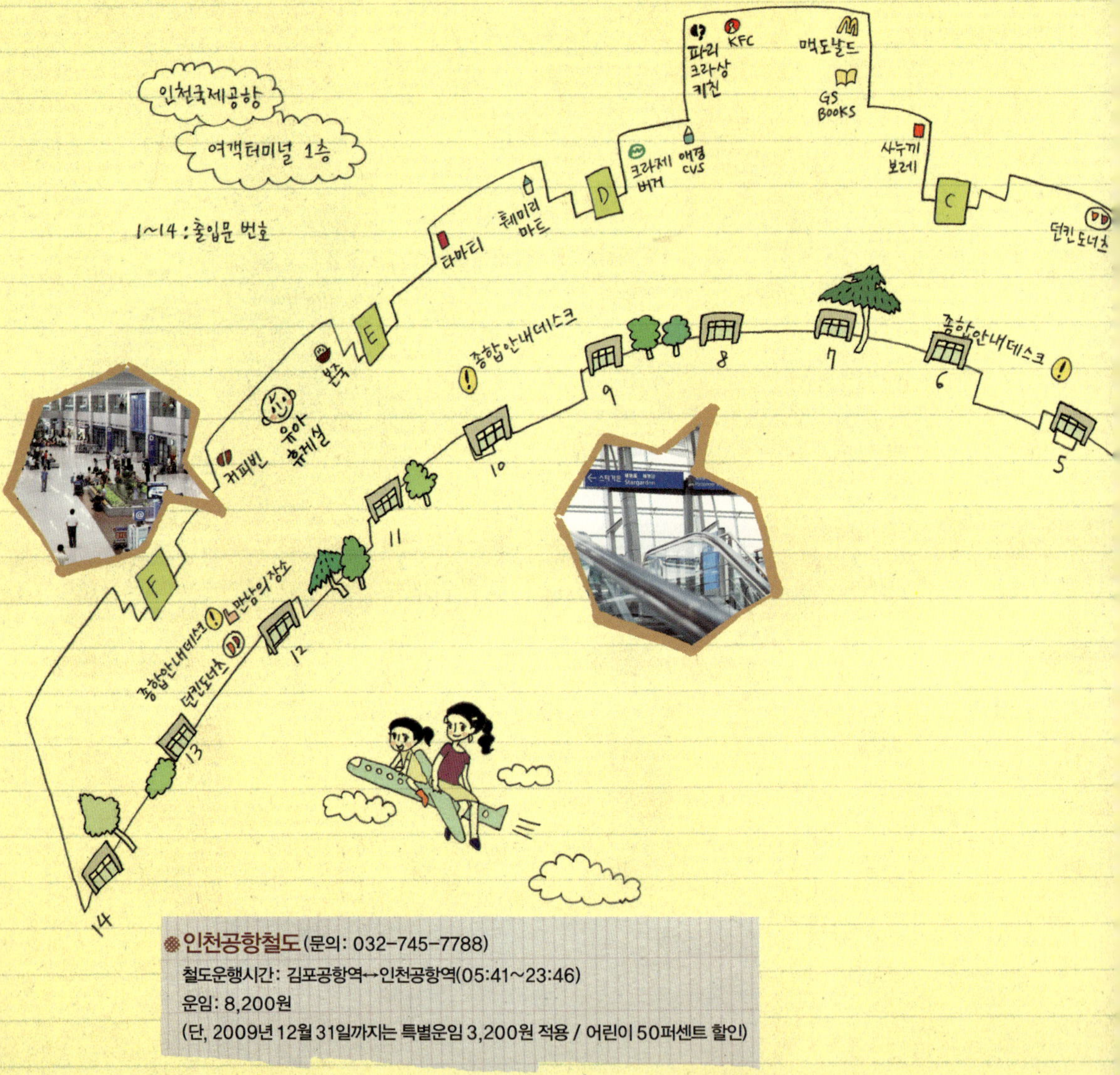

인천국제공항
여객터미널 1층
1~14 : 출입문 번호
파리 크라상 키친
KFC
맥도날드
GS BOOKS
사누끼 보레
크라제 버거
액정 CVS
던킨도너츠
C
D
E
F
타마티
헤미리 마트
범족
유아 휴게실
커피빈
종합안내데스크
종합안내데스크
종합안내데스크
만남의 장소
던킨도너츠
스타가든
5
6
7
8
9
10
11
12
13
14

인천공항철도 (문의: 032-745-7788)
철도운행시간: 김포공항역→인천공항역(05:41~23:46)
운임: 8,200원
(단, 2009년 12월 31일까지는 특별운임 3,200원 적용 / 어린이 50퍼센트 할인)

☕ 인천공항철도는요~

인천공항철도는 5호선 김포공항역에서 탈 수 있어요. 내려서 찾기도 쉽고요. 일단 5호선 개찰구를 빠져나간 뒤, 다시 인천공항철도를 타기 위해 티켓을 마련해야 해요. 하지만 교통카드 사용이 가능하니까, 지하철을 전혀 이용하지 않는 분이 아니라면 카드로 해결이 가능할 거예요. 어른은 3,200원. 어린이는 어른의 50퍼센트 금액인데요, 영유아는 내지 않아도 됩니다. 그런데 이 금액은 일반열차의 금액이

에요. 김포공항에서 인천공항 사이에 있는 모든 역을 거쳐가는 일반열차와, 한 번에 인천공항으로 가는 직통열차가 있거든요. 여행 시간에 쫓기는 게 아니라면, 일반열차를 추천해드려요. 직통열차는 금액도 두 배가 넘고, 시간도 한 시간에 한 대 정도랍니다. 일반열차는 시간당 4대가 있어 오래 기다리지 않아도 되고, 두루두루 역을 거치며 느긋하게 풍경을 감상할 수 있어 추천합니다.

비행기를 보고 싶다면 파노라마 라운지에서 즐겨도 좋겠지만 알뜰 여행을 계획한다면 다른 방법을 이용할 수도 있어요. 공짜로 계류장을 볼 수 있는 곳이 있거든요. 우선 여객터미널 3층 왼쪽 끝으로 가면 유리벽 너머로 계류장이 보여요. 또 여객터미널에 가지 않고 철도역 14번 출구 밖으로 나가면 계류장을 볼 수 있답니다. 잠시 기다리면 비행기가 뜨고 내리는 장면도 볼 수 있어 아이들이 아주 좋아한답니다. 아무래도 아이와 함께하는 여행은 엄마 혼자만의 일상 탈출을 위한 것이 아니니까, 아이들 눈높이에 맞추려면 조금 지루해도 이런 시간이 필요하겠죠. 먹을거리는 많고 많습니다. 패스트푸드점에서 도넛 가게, 빵집, 일본식 우동집, 분식집 또 제법 비싼 한식집도 있고 여기저기 편의점이 많아서 먹을 걱정은 안 해도 될 것 같아요.

엄마, 피크닉을 떠나다

한강공원

피크닉은 많은 여자들의 로망이다.

그리고 서울살이를 하는 여자들에게

한강변으로 떠나는 피크닉은 로망 중의 로망이 아닐까 한다.

한강만큼 소풍과 잘 어울리는 곳을 찾기 쉽지 않으니 말이다.

강 위, 강 아래 어느 곳이든 우리는 그 곁으로 갈 수 있다.

다리 근처 아기자기하게 잘 꾸며진 한강둔치도 있고

선유도공원이나 난지공원처럼 특별하게 꾸며진 장소도 있다.

 밤새 비가 내렸다. 아이를 키우며 둔하던 잠귀가 예민해진 탓인지, 내내 빗소리에 신경이 쓰였다. 새벽녘 빗소리는 빠르지도 느리지도 않은 모데라토였다. 한 박자의 어긋남도 없이 쏟아지던 비는 아침 해가 뜨고서야 잦아들었다. 간밤의 비가 습기 하나 남기지 않고 모든 것을 빨아들인 듯, 세상은 쾌청했다. 잔디가 넓은 곳으로 소풍 가기 딱 좋은 날씨였다.

처음 아이와 시간을 보낼 때 맑고 고운 하루가 시작되면, 아무런 계획이 없다는 것에 어찌할 바를 몰랐다. 아침밥을 해먹고, 아이를 씻기고 거실 한가운데로 볕이 들기 시작하면 100미터 달리기 시작 전 신호를 기다리듯 안절부절못했다. 이제 점심을 먹으면 곧 오후가 되고, 해가 떨어질 텐데 이렇게 하루가 가면 어쩌나. 발만 동동 구르며 해를 놓치기 일쑤였다.

그런 날은 퇴근한 남편에게 불똥이 튀었다. 돌돌 말아 세탁기에 넣는 양말에 분노하고, 얄밉게 손만 씻고 나오는 행동에 분개하다가 아무데나 벗어놓은 옷가지에 광분해 이유 없이 퍼부었다. "6·25 전쟁 통에……"로 시작되는 어른들의 술주정처럼 늘 같은 레퍼토리의 애엄마 푸념이 시작되는 것이다. 내가 누구 때문에 하루 종일 집 안에 갇혀서 어쩌고저쩌고, 그것도 몰라주고 밖에서 하고 싶은 거 다 하고 들어와서는 왁왁. 결국 말다툼 끝에 찜찜한 기분으로 하루를 마감하곤 했다.

그런데 그날은 다툼이 좀 심해졌다. 급기야 악을 쓰고 한밤중에 울며불며 집을 나왔다. 차에 시동을 걸고 전화기 전원을 껐다. 동요 CD를 빼 들고 싶은 음악을 크게 틀어놓고 고민했다. 어디로 갈까, 드라마 속 주인공들은 바다 보러 간다고 멋지게 고속도로를 달리던데, 그건 좀 오버겠다 싶었다. 오고 가며 피곤하고, 톨게이트 비용에 괜히 돈만 쓸 것 같았다. '꿩 대신 닭'이라고 고민 끝에 정한 행선지는 한강둔치였다. 자정이 넘은 한강은 좀 을씨년스러웠다. 느끼한 연인 두어 커플과 집 나온 청소년들 몇이 보였다. 기분 같아서는 강을 보며 캔맥주라도 한잔하면서 풀고 싶지만, 차가 있으니 그것도 못 할 노릇이었다. 아니 괜히 나갔다가 '고딩'들한테 아줌마가 밤늦게 왜 돌아다니냐며 면박을 당할까 싶어 차 밖으로 나갈 엄두가 나지 않았다.

한강의 야경은 멀리서 봐야 아름다운 것이었다. 부부싸움 끝에 집 나온 아줌마에게 한강은 외로움만 더해주고 있었다. 내가 여기서 뭐하는 짓인가, 애를 안고 안절부절못하고 있을 신랑이 떠올랐다. 미안한 마음에 덜컥 걱정이 들었다. 밤공기도 쌀쌀한데 차도 없이 아이와 길에서 헤매는 게 아닌가 싶었다. 어미가 돼서 내가 미쳤지. 후회를 하고, 또 했다. 마음이 급해져 부랴부랴 차를 돌려 집으로 왔다. 만나면 미안하다고 말해야지. 이번엔 먼저 사과해야지. 가슴을 쓸며 집에 도착했다. 인기척 없이 캄캄한 집 안. 정말 애 데리고 나갔나봐, 어쩌면 좋아. 혹시나 하는 마음으로 방문을 열었다. 그런데 그야말로 가관이었다. 사이즈만 다를 뿐 똑같이 생긴 두 명의 인간이 똑같은 포즈로 늘어져 잠들어 있는 것이었다. 그것도 '강약중강약' 합주하듯 코를 골면서.

　아, 장난하나 지금. 다시 집을 나가고 싶은 마음이 굴뚝같았지만, 피곤이 몰려왔다. 내가 왜 나가야 하나 싶었다. 똑같이 생긴 사람들 사이에 자리를 잡고 누워 생각했다. 날이 밝으면 다시 한강에 갈 거야. 마루 끝까지 해가 밀려들기 전에 아이와 함께 나가야지. 이제는 용기 있게 소풍을 떠나야지. 그리고 이제, 괜히 싸우지 말아야지.

　피크닉은 많은 여자들의 로망이다. 그리고 서울살이를 하는 여자들에게 한강변으로 떠나는 피크닉은 로망 중의 로망이 아닐까 한다. 한강만큼 소풍과 잘 어울리는 곳을 찾기 쉽지 않으니 말이다. 강 위, 강 아래 어느 곳이든 우리는 그 곁으로 갈 수 있다. 다리 근처 아기자기하게 잘 꾸며진 한강둔치도 있고 선유도공원이나 난지공원처럼 특별하게 꾸며진 장소도 있다. 그러나 동서남북 열두 군데의 한강공원 중 엄마와 아이의 소풍 장소로 가장 만만한 곳은 뚝섬한강공원일 것이다. 다른 한강둔치나 공원이 접근성이 떨어지는 것에 반해 뚝섬지구는 지하철에서 내려 멀지 않은 곳에 있다. 어느 곳이나 승용차를 이용하면 쉽겠지만 그렇지 않은 경우가 더 많다. 집에 차가 있고 없고를 떠나서 아이가 엄마와 떨어져 카시트에 혼자 앉아 있는 것을 거부하는 경우가 흔하기 때문이다.

　소울이가 딱 그런 경우다. 한번은 싫다고 떼쓰는 아이를 억지로 태우고 가는데, 심하게 울다가 먹은 것을 다 토하기도 했다. 18개월 즈음이었는데 너무 당황한 나머지 자동차전용도로 한가운데 차를 세워 아이를 겨우 진정시키고 혼이 빠지게 집으로 돌아온 기억이 있다. 이러면 안 되겠다 싶어 주치의 선생님에게 물어보니, 24개월 이전까지는 '이해'의 개념이 성립되지 않아서 싫은 것은 무조건 싫다는 것이었다. 아무리 얘기를 하고 이해시키려고 해도, 설득하기 어려운 시기가 바로 그때라며 싫어하는 것은 당분간 하지 않는 게 최선의 방법이라고 했다. 또 그렇게 갑자기 분에 못 이겨 구토를 하는 경우 엄마가 침착하게 대응해야 한다는 말도 덧붙였다. 엄마가 당황하는 모습을 보이면, 다음에도 아이는 주의를 끌기 위해 똑같은 행동을 하게 될 테니, 화가 풀리는 것을 조용히 지켜보며 의연하게 대응하라고 했다. 어쨌건 그 후로 겁이 나 한동안 일행이 없으면 아이와 차를 타고 이동하지 못했다. 덕분에 가깝든 멀든 지하철이나 버스를 이용하면서 운신의 폭이 더 넓어지긴 했지만 말이다.

이유야 어찌되었든 뚝섬지구는 대중교통을 이용해야만 하는 엄마들, 특히 한강변 소풍을 꿈꾸는 엄마들에게 최적의 장소이다. 엄마들이 자동차 없이도 쉽게 드나들 수 있는 조건을 갖췄기 때문이다. 평일 낮이기도 하지만 다른 역보다 한가로운 것도 그렇고, 계단이나 에스컬레이터가 아닌 엘리베이터로 이동할 수 있다는 점도 큰 매력이다. 2, 3번 출구로 나가면 바로 한강둔치이지만, 아이와 나는 지하철에서 내려 1번 출구를 찾았다. 미리 준비할 것들이 있었기 때문이다. 개찰구를 빠져나가니 1번 출구로 나가는 쪽에 엘리베이터가 있었다. 우리는 인상 좋은 할머니와 사이좋게 엘리베이터를 타고 내려왔다. 문이 열리자 깔끔하게 정돈된 길과 주상복합 단지가 눈에 띄었다. 1층에는 빵집, 편의점, 커피숍, 레스토랑 등이 있었다. 시간이 되면 노천 테이블에 앉아 한가롭게 차라도 한잔하고 싶었지만, 소풍 갈 기대에 들뜬 아이를 생각해 마음을 접었다. 빵집에 들어가 간단하게 먹을 간식거리를 산 후 우리는 강가로 향했다.

조금 걸어나가니, 터널 두 개가 보인다. 한쪽 터널로만 차들이 오고 가는 것을 보니, '뚝섬나들목'이라는 글귀가 보이는 터널이 보행자 터널인 듯싶다. 서둘러 짧은 터널 안으로 들어가자, 빛을 받아 아늑하기까지 한 그곳에 예쁜 벽화가 있었다. 마치 그림책이라도 보는 듯 아이 눈이 휘둥그레진다. 천천히 벽화를 구경하고 터널을 빠져나온다. 갑자기 아이의 인생도 이러했으면 싶다. 인생을 살며 시련이 없을 순 없을 터, 어떤 시련과 어려움이든 지금 이 터널처럼 짧게 끝났으면 하는 생각이 든다. 앞으로 남은 나의 인생도 구만리인데, 무얼 보고 경험하든 아이 생각 먼저 하는 걸 보면 이젠 나도 제법 엄마가 되어가는 것 같다.

이름도 예쁜 뚝섬나들목을 나와 오른쪽으로 걸어 올라가면 주차장 너머에 놀이터가 보인다. 놀이공원의 비싼 기구보다 동네 놀이터를 좋아하는 아이는 입이 귀에 걸린 채 발걸음이 빨라진다. 가까이 가보니 동네 놀이터보다 훨씬 스펙터클하다. 컬러도 화려하고, 미끄럼틀의 슬라이드도 일자형이 아닌 뱅글뱅글 나선형이라 덜 위험하고 더 재미있어 보인다. 꼭 끼는 바지만 입고 가지 않았다면 스파이더맨 그물 타기에 도전해봤을 텐데, 어린 남자애들이 대롱대롱 매달려 있는 모습을 구경하는 데 만족해야 했다. 시소도 타고, 모래밭에서 놀고 한참을 뛰어놀았는데도 아이는 지치지 않는다. 단출한 동네 놀이터만 가도 무시로 시간을 흘려보내는데 오죽할까 싶어 마음껏 놀게 둔다. 시원한 바람과 탁 트인 한강의 풍광이 눈에 들어와서인지, 나도 그리 지루하지 않다.

PLAY #01
MEMORY

뚝섬나들목

　한 시간 정도 지나고 더 놀겠다는 아이를 겨우 진정시켜 잔디밭으로 간다. 모래를 만진 손을 항균 티슈로 깨끗이 닦아준다. 흙 먹으며 논다는 얘기는 옛말이다. 요즘은 애완견의 배설물과 환경오염이 심한 탓에 놀이터 모래에 세균이 많아 주의해야 한다. 놀 때는 신나게, 하지만 놀이가 끝난 후에는 꼼꼼히 닦아주는 게 중요하다. 준비해간 담요를 깔고 앉아 아쉬워하는 아이를 위해 미리 준비한 색종이와 나무젓가락을 꺼내 바람개비를 만들어준다. 후후 불어오는 강바람을 맞은 바람개비는 살랑살랑 잘도 돈다. 빨강, 파랑, 노랑 색색의 바람개비를 돌린다. 강가에 앉아 즐기는 우리의 소풍은 그렇게 예쁘게 시간 속에 묻혀간다.

　새로운 뚝섬공원이 완성되면 더 자주 오게 될 것 같다. 꽃과 나무, 물과 바람, 아이와 엄마가 함께하는 곳이라면 어느 나라의 강가도 이렇게 아름답진 않을 것이다. 🌷

🌱 선유도공원

양화대교 중간에 위치한 선유도공원은 정수장 건축구조물을 재활용해 국내 최초로 조성된 환경재생 생태공원이다. 당산역이나 합정역에서 정문으로 가는 버스를 이용할 수 있다. 테마를 가지고 잘 꾸며진 공원은 볼거리가 많다. 수질정화원, 수생식물원, 환경놀이터 등 다양한 수생식물과 생태숲에서 생태교육과 자연체험을 할 수 있다. 여러 갈래 길을 따라 각기 다른 주제의 공간을 만나는 것도 재미있다. 또 널따란 잔디와 복원된 선유정에 앉아 쉬다보면 모든 시름이 날아갈 듯 마음이 가벼워진다.

⚘ **선유도공원** (문의: 02-3780-0590~5)
대중교통: 지하철 2호선 당산역 1번 출구로 나와서 일반버스 5714 탑승 후 선유도공원 정문 하차 /
　　　　　지하철 2, 6호선 합정역 8번 출구로 나와서 일반버스 5714 탑승 후 선유도공원 정문 하차
주차시설: 주차불가 / 장애인 이용차량만 주차가능
기타시설: 디자인서울갤러리(09:00~18:00), 테마정원(06:00~24:00), 매점(카페테리아 '나루')

♪ 반포한강공원

3, 7호선 고속터미널역에서 한강 방향으로 나가면 쉽게 찾을 수 있다. 아파트 사이를 지나 100미터쯤 걸어 들어가면 반포한강공원이 나오는데, 얼마 전 한강공원 특화사업을 마친 이곳은 세련된 분위기로 많은 사람들의 사랑을 받고 있다. 위협적이던 콘크리트 블록이 없어지고, 강변에 더욱 가까이 갈 수 있도록 가지런히 정리해놓은 블록 위에 그늘막을 설치해 편리함을 더했다. 또 강을 등지고 있는 대형 원형무대와 마주한 돌계단 관람석은 외국 어느 도시의 풍경처럼 이국적이다. 굴곡이 없는 반포한강공원에서 아이들과 자전거를 타면 즐거운 시간을 보낼 수 있을 것이다.

⚘ **반포한강공원** (문의: 02-591-5943)
대중교통: 지하철 3, 7호선 고속버스터미널역 3, 4, 8번 출구에서 셔틀버스 8401 연계 /
　　　　　지하철 4호선 삼각지역 13번 출구에서 합동참모본부 앞 셔틀버스 8401 연계 /
　　　　　6호선 녹사평역 4번 출구에서 셔틀버스 8401 연계
주차시설: 월~토요일 유료 09:00~21:00 / 일요일 · 공휴일 무료
기타시설: 매점, 화장실, 음수대, 자전거대여점

Point Space

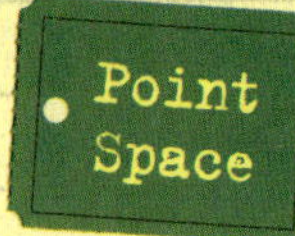

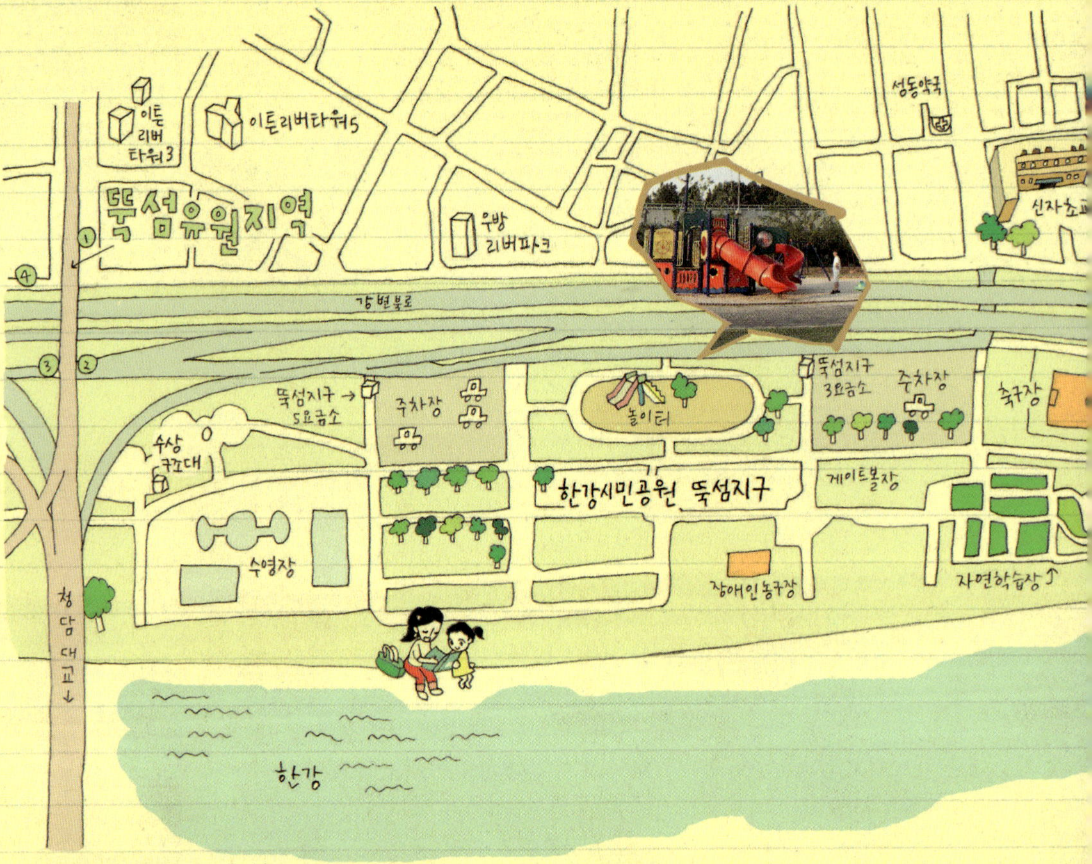

한강공원 뚝섬지구 (문의: 02-3780-0521)

대중교통: 지하철 7호선 뚝섬유원지역 2, 3번 출구 / 지하철 2호선 건대역 3번 출구

주차시설: 월~토요일 09:00~21:00, 1일 1회 3,000원 / 일요일 · 공휴일은 무료

기타시설: 낚시터, 보트장, 수영장, 매점 등

✂ 한강공원 뚝섬지구는요~

뚝섬지구로 출발하기로 마음을 먹었다면 몇 가지 준비물이 필요해요. 사실 먹을거리는 뚝섬역 상가 등에서 쉽게 구할 수 있어서 따로 무겁게 준비하지 않는 게 좋아요. 기본적인 것 외에는 최대한 짐을 줄이는 게 즐거운 나들이의 필수덕목입니다. 그러나 앞서 말했듯 항균티슈와 지루하지 않게 놀 수 있는 간단한 소품 등은 꼭 준비해갔으면 하는 품목이랍니다. 티슈야 모든 엄마들이 필수로 챙기는 물건이니 새삼 얘기할 필요도 없겠고요. 힘 좋은 아빠랑 떠날 때처럼 바리바리 챙겨갈 수도 없고, 아무 준비 없이 가서 놀자니 금방 지루할 수 있을 때 좋은 게 색종이 같은 소품이에요. 그리 무겁지도 않고 자리를 많이 차지하지도 않으니까요. 소울이랑 제가 만들었던 바람개비도 간단히 만들 수 있고요, 집에 남는 리본이 있다면 막대에 묶어와서 리본으로 글자 쓰기나, 바람에 맞춰 흔들흔들 율동을 해보는 것도 좋아요. 물론 엄마표 백뮤직이 있어야 해서 조금 부끄럽지만, 그것쯤이야 이겨낼 수 있잖아요, 우리. 바람개비 등은 미리 만들어오지 않고 현장에서 직접 만들면 아이가 더 신기해하고 재미있어해요. 미리 가위질을 한 종이를 준비하면 그 자리에서 뚝딱 만들 수 있어 좋아요. 다시 수거해가기도 쉽고요.

아무래도 아이들이 놀이터에서 오래도록 놀 테니까 여벌 바지를 함께 준비하시면 금상첨화겠죠. 뚝섬지구의 장점은 화장실 사용이 편리하다는 것인데요. 한강공원 내 간이 화장실도 가깝고, 또 간이 화장실을 무서워하는 아이들에게 지하철역과 상가 등이 멀지 않은 거리에 있는 건 참 좋은 것 같아요. 가기 전에 미리 화장실에 들르겠지만, 혹시 중간에 갑작스런 신호가 온다면 5분 안에 달려갈 수 있는 거리니까요. 마지막으로 그늘을 찾기 힘든 곳이라는 점을 감안해, 소풍을 떠날 때는 선크림 챙기는 것도 잊지 마세요.

계절이 숨 쉬는 곳

남산공원

동대입구역 6번 출구 앞 노란색 순환버스를 기다린다.

계절은 어느 곳에나 있는 것이지만, 좀더 깊숙한 곳에서 만나고 싶었다.

남산공원은 모든 조건에 딱 맞았다. 버스가 도착한다.

앞 창문에 커다랗게 '남산서울타워 방향'이라고 붙여놓은 2번 버스다.

미리 접어놓은 휴대용 유모차를 어깨에 메고, 아이를 안는다.

짐이며 아이를 양팔에 매달고도 여유롭게 균형을 잡는 내가 자랑스럽다.

버스에 올라 큰소리로 익숙하게 외친다.

"아기 있으니까 천천히 출발하세요!"

철없던 그때처럼 가슴이 뛴다. 예전엔 미처 몰랐다. 바쁘게 세상을 살아가던 그땐, 계절이 어떻게 왔다 가는지 관심도 없었다. 세상살이를 견뎌내다보면 어느새 봄이고 문득 겨울이고 그랬다. 하지만 가정이라는 작은 소행성의 주인이 된 지금은 온 우주의 움직임에 민감하게 반응한다. 자고 일어나면 번지는 꽃망울에, 떨어져 쌓이는 낙엽에 아무것도 할 수 없는 엄마는 온몸으로 계절을 탄다. 아, 꽃이 피는구나. 그래, 신록이 우거지는구나. 이젠 바람이 불고 드디어 눈이 내리는구나.

「나를 위로하며」라는 시에서 시인 함민복은 이렇게 말한다. "삐뚤삐뚤 / 날면서도 / 꽃송이 찾아 앉는 / 나비를 보아라 / 마음아" 계절의 들목에서 늘 잊지 않고 함민복의 시집을 펼쳤다. 끝까지 읽는 것도 아니다. 맨 앞장에 있는 이 다섯 줄의 시를 읽으며 작은 위로를 받는 것이 시집 읽기의 전부이다. 알다시피, 우리는 동화책 이외의 책은 한 장 이상 읽기 어려운 숙명을 가지고 있지 않은가. 어렵게 아이를 갖고 혹시 잘못될까 전전긍긍했던 2006년의 봄. 갑자기 뱃속을 탈출하려는 아이 때문에 병원 신세를 져야 했던 2006년의 가을. 산후조리를 하느라 독방에 갇힌 죄수처럼 바깥출입을 할 수 없었던 2006년의 겨울, 이 시를 읽으며 위로 받았다. 언젠간 세상 속에 있겠지, 생각하면서.

2007년의 봄도 마찬가지였다. 다른 생각할 겨를이 없었다. 막 회사에 복귀했을 때인데 아이를 다른 사람 손에 맡겨 늘 예민한 상태였다. 베이비

시터가 미덥지 않아서라기보다, 내가 없을 때 일어날 사고에 대한 걱정 때문이었다. 아이를 보면 크고 작은 말썽이 있기 마련인데, 하필 다른 사람과 있을 때 아이가 힘든 상황을 겪지 않을까 늘 노심초사했던 것이다. 또 가뜩이나 배불뚝이로 1년을 살며 감각을 잃은 데다, 산후조리를 한다고 석 달을 집 안에 있다 나가려니 멀미가 날 지경이었다. 잠시 시간이 멈춰 있던 냉동인간처럼 트렌드에 영 적응할 수 없었다. 조금 촌스러운 건 그렇다 치고, 이건 도무지 어떤 옷도 맞지 않으니 더 낭패였다. 결국 다시는 입지 않으리라 팽개쳐둔 임부복까지 손을 댔다. 해서는 안 될 일이었지만 어쩔 수 없었다. 그렇게 봄이 왔는지 꽃이 피는지도 모른 채 힘겹게 하루를 보내고 있었다.

그러던 어느 날, 퇴근길 집 앞에서 신랑을 만났다. 그런데 갑자기 신랑이 어딘가로 빠르게 걸음을 옮기는 것이 아닌가? 분명 집 쪽은 아니었다. 아기 챙기러 가야 하는데 어디 가는 거냐는 고함에도 아랑곳않고 앞장서 걷는 신랑 뒤를 쫓았다. 지금 뭐하는 거냐, 애 안 궁금하냐, 어디 또 고기 먹으러 가자는 거냐, 나는 안 먹는다, 더는 이렇게 못 산다, 그것도 아니면 어디 금항아리라도 숨겼냐, 내놔봐라, 그거 팔아 지방흡입 좀 해야겠다 등등. 짜증 섞인 잔소리를 퍼붓고 있는데 신랑의 발이 멈췄다.

나는 심장이 멎는 것 같았다. 아, 그곳엔 꽃비가 내리고 있었다. 오래된 벚나무가 숨어 있던 동네 어귀, 남편은 나에게 그렇게 봄을 보여주고 싶었던 것이다. 일과 육아에 지쳐 지내는 동안 봄이 찾아왔던 것이다. 계절은 찾지 않으면 만날 수 없다. 아무리 봄햇살이 소란을 떤다 한들, 외면하면 느끼지 못한다. 삐뚤삐뚤 날아서라도 꽃송이 곁에 다가가야 한다. 지금 이 순간, 간절히, 우리는 계절이 되어야 하는 것이다.

　동대입구역 6번 출구 앞 노란색 순환버스를 기다린다. 계절은 어느 곳에나 있는 것이지만, 좀더 깊숙한 곳에서 만나고 싶었다. 이왕이면 너무 번잡하지 않고 다른 놀이를 즐길 여유가 있는 곳이었으면 했다. 선택한 남산공원은 모든 조건에 딱 맞았다. 남산공원은 동서남북 여러 곳을 통해 갈 수 있다. 명동 쪽으로 올라가 케이블카를 이용할 수도 있고, 소월길을 따라 식물원을 거쳐 도착할 수도 있다. 하지만 아이와 가장 수월하게 갈 수 있는 곳은 국립극장을 끼고 올라가는 북측순환로 방향이다. 비교적 한산한 데다 지하철을 이용하면 셔틀버스와 순환버스로 쉽게 갈 수 있고, 국립극장의 널찍한 주차장 덕에 승용차 이용에도 무리가 없다.

　버스가 도착한다. 앞 창문에 커다랗게 '남산서울타워 방향'이라고 붙여놓은 2번 버스다. 미리 접어놓은 휴대용 유모차를 어깨에 메고, 아이를 안는다. 짐이며 아이를 양팔에 매달고도 여유롭게 균형을 잡는 내가 자랑스럽다. 버스에 올라 큰소리로 익숙하게 외친다. "아기 있으니까 천천히 출발하세요!" 모두는 아니지만 몇몇 버스 기사 분들 중 엄마들의 균형 감각을 너무 믿는 분들이 있어서 습관이 된 것이다. 아무리 도가 튼 엄마들이라도 흔들리는 버스는 당해낼 재간이 없다. 괜히 아이를 다치게 하고 싶지 않으면 조금 창피해도 미리 얘기해두는 게 상책이다. 예전의 엄마는 버스정류장을 지나쳐도 세워달라는 말 한마디 못 하고 한 정거장을 꼬박

되돌아 걸었던 부끄러운 심성의 사람이었다는 걸 아는지 모르는지 아이
는 신이 났다. 언니 오빠들처럼 노란색 버스를 탄 것도, 널찍한 의자에 제
맘대로 앉아 노는 것도 재미있나보다.

　버스는 이내 국립극장을 지난다. 버스의 머리 위로 '남산공원 벚꽃축
제'라는 현수막이 스친다. 화사하게 분 바른 나무들을 본다. 구불거리는
산길을 오르는 내 가슴이 두근거린다. '저건 벚나무고, 저건 개나리고, 저
건 진달래란다.' 아이에게 세상을 보여주려고 했던 설명은 다음에 하기
로 한다. 단 몇 분, 오롯이 나만을 위한 시간을 갖는다. 행복하다.

TEDDY BEAR MUSEUM
Seoul Post ...
POP corn
POPCORN
Small (小)
₩3,000
Medium (中)
₩3,500
Large (大)
₩4,000
N SEOUL TOWER
2009. 4. 11. 벚꽃놀이왔어요
양기랑 민선이랑 힝힝
등산하느라 너무 힘들었어요
그래서 내년엔 안올꺼ㅋㅋ
이제 내려가요~
LOVE FOREVER
HS ♥ KY

이내 버스는 산 중턱 언덕 아래 종점에 선다. 버스에 있던 모든 사람들이 훌훌 내린다. 마치 처음부터 일행이었던 사람들 같다. 나도 일행을 놓칠세라, 빼놓은 것은 없는지 다시 한번 확인하고 천천히 아이와 버스 문을 나선다. 제법 가파른 언덕길이다. 대여섯 살쯤 되어 보이는 아이들은 씩씩하게 뛰어오르기도 하는데, 아무래도 무리인 것 같아 아이를 유모차에 태운다.

짧은 언덕을 올라 왼쪽으로 고개를 돌리니 N서울타워가 보인다. N서울타워는 옛 남산타워의 현재 이름이다. 한국 최초의 종합 전파탑으로 세워진 이곳은 1980년 일반에 공개된 이후 지난 2005년 복합문화공간으로 새롭게 탈바꿈했다. 많은 공을 들여서인지 아기자기한 테마파크를 보는 듯하다. 서울이 한눈에 보이는 스카이라인 펜스를 가득 메운 사랑의 자물쇠들과, 얼마 전 개관한 테디베어 뮤지엄, 남산 예술경관 조명 프로젝트의 하나인 프랑스 유명작가 세르딕 르 보르뉴의 〈빛의 영혼〉 조형, 그리고 노란 팝콘 기계까지. 시원하게 펼쳐진 서울 풍경과 푸른 하늘. 모든 것이 하나의 입체그림처럼 다가온다.

그 그림 사이에서 또 하나의 주인공이 된 아이는 바쁘다. 매표소 앞 테디베어와 키를 재보고, 테디베어숍에 들어가 인형을 실컷 구경한다. 넘어져도 괜찮을 것 같은 나무 데크 위를 이리저리 뛰어다닌다. 어지럽지도 않은지 팝콘 기계 주위를 빙빙 돌고 기념품 가게에 들어가 이것저것 만져보며 신기해한다. 사랑의 자물쇠가 빼곡히 들어찬 펜스에서 다양한 자물쇠를 보며 모양 찾기를 한다. 하트, 구름, 자전거부터 작은 열쇠와 왕열쇠 등 가지각색이다. 열쇠 놀이가 끝나고 이번에는 우리 집 찾기 놀이다. 눈 앞에 펼쳐진 서울의 모습 어디쯤에 집이 있다고 하니 아이의 눈동자가 바쁘다.

　정신없이 시간을 보내고, 이르게 움직이느라 지쳐 있을 아이와 식사를 하기로 한다. N서울타워에는 먹을 곳이 많다. 제육볶음이나 곰탕을 파는 푸드코트도 있고, 커피와 간단한 스낵류를 파는 카페테리아도 있다. 또 위층으로 올라가면 전망 좋은 레스토랑도 있지만, 우리는 나무 아래 자리를 잡고 도시락을 꺼낸다. 먹어보지 않아 그 맛은 잘 모르겠으나, 음식값이 좀 부담스럽다. 데이트 나온 연인이나 외국인들은 한번쯤 들러도 좋겠지만, 아이와 엄마는 좋은 공기 마시며 먹는 도시락도 꿀맛이다. 밥을 먹는 사이 휘, 따스한 바람이 지나간다. 이내 밥 위로 살랑, 인사하듯 작은 꽃잎이 떨어진다.

계 절 이
숨 쉬 는 곳

101
계 절 이
숨 쉬 는 곳

배를 채운 아이는 이번에는 방향을 바꿔 앞장선다. 멀지 않은 곳에 있는 팔각정이다. 얕은 계단을 올라 편하게 앉아 쉬는 사람들 틈에 스며든다. 그러고 보니 계절을 가장 잘 나타내는 것은 사람인 듯싶다. 표정이 꽃처럼 밝은 사람들. 내 얼굴에도 봄이 왔을까, 문득 생각한다. 팔각정을 잠시 둘러본 우리는 바로 옆 봉수대로 내려간다. 그 옛날 통신 수단이었던 봉수대를 아이에게 어떻게 설명할까? 갓난아기 때 사진을 보고 자기가 아니라고 우기는 아이에게 과거와 현재가 과연 존재할까 싶어 설명은 나중으로 미룬다. 지금도 충분히 많은 것을 주고 있는 남산은 곧 서울 도심 속 생태공원으로 거듭난다고 한다. 남산의 상징적인 유적인 성곽과 봉수대를 복원하고, 사계절을 느낄 수 있는 생태환경을 조성하고, 교통수단을 개선해 지금보다 더 편리하게 남산을 찾을 수 있을 것이다. 그때가 되면 아이와 엉덩이를 맞대고 팔각정에 앉아 더 많은 얘기를 할 수 있겠지. 새로운 계절, 새로운 추억을 주고받을 수 있을 것이다.

벚나무가 흐드러지고 단풍이 수북한 곳도 많은데 이곳을 추천하는 이유는 간단하다. 아이도 나도 함께 즐거울 수 있는 곳이다. 심심하지 않게 둘러볼 거리가 있고, 편의시설도 잘되어 있다. 그냥 꽃놀이가 아닌 감성 여행이 가능한 곳이다.

계절은 어느 곳에나 있다. 지금 서 있는 바로 이 자리에도 계절은 머물러 있다. 하지만 좀더 깊숙이 계절 한가운데서 만나고 싶다면 남산공원으로 가보자. 당신과 아이가 어느새 계절이 되어 있을 것이다. 🌼

✿ 국립극장

주차장을 이용하지 않아도, 잠시 들렀다 갈 수 있는 곳이다. 60여 년의 역사를 자랑하는 이곳은 이름에 걸맞게 다양한 문화 콘텐츠를 제공하고 있다. 크고 작은 유수의 공연 외에 주목해야 할 것은 '토요문화광장' 등 야외에서 펼쳐지는 무료공연들이다. 또 넓은 광장과 중앙 극장인 해오름극장의 시원한 계단은 아이들의 놀이터로 제격이다. 작은 조각공원에서 조각작품을 감상하고, 안전한 광장에서 자전거 놀이를 할 수도 있고, 가위바위보로 계단 오르기도 할 수 있다. 또 아이가 좀 어리다면 광장 바닥에 있는 네 가지 색깔의 국립극장 로고로 색깔놀이를 할 수도 있다. 노랑, 빨강, 파랑, 초록을 옮겨다니며 색의 개념이나 구분을 익힐 수 있는 것이다. 각종 편의시설도 잘되어 있으니, 남산공원만으로 아쉬움이 남는다면 국립극장에도 가보자.

> ✿ **국립극장** (문의: 02-2280-4115)
> 편의시설: 어린이놀이방(36개월~7세까지) 이용 가능,
> 　　　　 공연시작 30분 전부터 공연종료까지 무료이용, 보육교사 2명 상주 /
> 　　　　 고객지원실(09:00~공연종료시, 연중무휴)

🌵 남산한옥마을

우리나라의 순수 전통가옥을 둘러볼 수 있는 서울의 작은 민속촌 남산한옥마을. 동대문구 제기동에 있던 윤택영 재실, 종로구 관훈동에 있던 박영효 가옥, 종로구 삼청동에 있던 김춘영 가옥 등을 이전해 복원해놓았다. 이외에 사대부 가옥부터 서민 가옥까지 당시의 생활방식을 한자리에서 볼 수 있도록 집의 규모와 살았던 사람의 신분에 걸맞은 가구들이 예스럽게 배치되어 있어, 아이들에게 전통을 알려주기 좋은 장소이다. 순환버스를 이용해 갈 수 있고, 충무로 지하철역과 가까워 찾아가기 어렵지 않다. 남산의 산세를 살린 전통정원과 계곡, 정자, 연못 등 볼거리가 풍부하고 한국의 놀이문화가 자주 공연되어 아이들과 함께하기 그만이다.

> ✿ **남산한옥마을** (문의: 02-2266-6923)
> 운영시간: 평일 및 공휴일 09:00~21:00(단 동절기는 20:00까지)
> 　　　　 화요일 휴관 / 무료관람
> 대중교통: 지하철 3, 4호선 충무로역 3번 출구
> 주차시설: 충무로타워 지하주차장 이용(10분당 1,000원)

Point
Space
동대입구역
장충단공원
장충중고교
한남초교
중무초교
서울타워호텔
순천향병원
동국대
남산예술원
한강진역
제일병원
남산1호터널
덕수중
남산전시관
그랜드하야트호텔
홀리데이인서울호텔
충무로역
남산한옥마을
남산2호터널
남산식물원
해밀턴호텔
영락교회
남산
N서울타워
이태원초교
명동성당
숭의여대
용암초교
명동역
팔각정
남산3호터널
보성여중·고
후암초교
남산케이블카
삼순이계단
남산도서관
용산중·고교
신세계백화점
회현역
안중근의사기념관
용산도서관
남대문시장
녹

❀ 남산공원 (문의: 02-3783-5943)
이용요금: N서울타워 전망대(어른 7,000원 / 12세 미만 어린이 3,000원)
         케이블카(편도: 어른 6,000원, 어린이 3,500원 / 왕복: 어른 7,500원, 어린이 5,000원)
관람시간: N서울타워 전망대(09:00~23:00) / 케이블카(10:00~23:00)
주차시설: 남산공원 주차장 이용 가능(10분당 900원) / 국립극장 주차장(기본 30분 1,000원, 10분당 500원 추가)

남산공원으로 올라갈 수 있는 유일한 교통수단은 버스와 케이블카예요. 지하철을 이용해 순환버스를 타면 산책로를 따라 정상까지 갈 수 있어 편리하죠. 케이블카를 이용하고 싶다면 명동역에서 퍼시픽호텔 쪽으로 나와 리라초등학교 방향으로 올라가면 탈 수 있어요. 하지만 사람이 붐비고, 아이와 함께하기에는 만족스럽지 않은 것 같아요. 아이와 남산공원을 이용한다면 앞서 말한 국립극장 쪽 북측순환로를 이용하는 게 제일 편리해요. 승용차를 가지고 오기도 편하거든요. 국립극장 주차비가 기본 30분 1,000원에 10분당 500원인데, 최고 금액이 1만 원이에요. 그러니까 하루 종일 주차해도 1만 원을 내면 됩니다. 주말엔 주차가 조금 힘들 수 있지만 엄마와 아이는 주로 평일에 움직이기 때문에 이용해볼 만해요.

국립극장은 광장과 해오름극장 계단, 등나무 벤치에서 놀다가기도 좋고, 화장실이나 카페테리아 등 편의시설을 이용할 수 있어 좋아요. 주차를 했다면 정문을 나와 오른쪽 남산 방향으로 조금 올라가면 버스정류장이 보여요. 사람들이 두런거리며 모여 있어 금방 찾을 수 있답니다. 그곳에서는 아무 버스나 타면 남산 산책로를 지나 N서울타워 아래 도착합니다.

평소 운동을 많이 했거나, 아이가 조금 크다면 산책로를 따라 걸어올라갈 수도 있어요. 하지만 생각보다 긴 산책로가 나들이의 시작을 지치게 할 수 있으니 염두에 두세요. 만약 걷고 싶다면 내려올 때 시도해보길 권합니다. 아, 물론 국립극장 주차장을 이용한 경우에만 가능해요. 대중교통을 이용했다면 다시 버스를 타거나, 지하철역이 가까운 명동 방향으로 내려오면 좋습니다. N서울타워에는 편의점도 하나 있어서 간단한 음료나 간식거리도 쉽게 구할 수 있어요. 그리고 유모차를 대여해줘요. 오며 가며 거추장스러워서 챙기지 않았는데, 아이가 갑자기 잠들거나 힘들어하면 이용하세요. 또 실내에 수유실도 있어서 돌 미만 아이와 와도 큰 걱정은 없습니다.

그리고 테디베어 뮤지엄이나 전망대는 입장료를 내야 들어갈 수 있어요. 그런데 아이가 36개월 미만이면 굳이 이용하지 않아도 될 것 같아요. 사실 디테일한 것을 잘 이해할 수 없는 나이인 데다가, 테디베어 캐릭터숍이 따로 있어서 둘러보는 것만으로도 신나고, 야외에서 보는 서울의 풍경도 전망대 못지않거든요. 돈 들이지 않고 실컷 뛰어놀고 명동 쪽으로 걸어내려와 예쁜 티셔츠 한 장 사서 집에 가는 건 어떨까요? 엄마도 예뻐지는 계절을 기대하면서요.

때로는뉴요커처럼

신사동 가로수길과 도산공원

아이와 엄마를 끌어안는 가로수길의 시작은 폭신폭신한 보도블록이다.

단단한 시멘트가 아니라 마치 잔디를 밟는 느낌의 고무블록길은

걸음마가 서툰 아이들도 어렵지 않게 걸어다닐 수 있다.

넘어져도 다칠 일 없으니, 밖에 나와 흥분한 아이가 서둘러 뛰어도 걱정스럽지 않다.

사뿐사뿐 기분좋게 걸음을 옮기며 우리는 어느새 이국적인 풍경에 빠져든다.

테라스를 활짝 열어놓은 노천카페와 아기자기한 가게들이

정말 외국 어디에라도 온 것 같다.

Asian
Noodle and Ric
Pasta Sa
coffee
and tea
COZY
THE ORIENTAL BISTRO
VAL

알람이 울리고 잠에서 깬 당신, 샤워를 합니다. 깨끗이 씻고 나와 화장을 하죠. 지난 주말 쇼핑 때 새로 마련한 핑크색 원피스를 입습니다. 그리고 서둘러 출근길에 오릅니다. 조금 일찍 도착한 회사 앞 지하철역을 빠져나옵니다. 커피전문점에 들어가 뜨거운 카푸치노를 테이크아웃합니다. 출근을 하면 바쁜 하루가 시작됩니다. 회의와 외근 등 정신없이 일을 하니 어느새 퇴근시간이네요. 친구와 약속을 합니다. 저녁을 먹고 단골 바에 들르죠. 캐리와 미란다가 맨해튼에서 마시던 마티니를 한잔하고 헤어집니다. 눈을 뜨니 이 모든 것이 꿈이군요. 그렇다면 당신의 현실은 어떤가요?

누군가 나를 찾는 소리에 잠에서 깬다. 목이 말라 물을 찾는 아이의 울음소리다. 시계를 보니 아직 새벽. 아이를 진정시키고 다시 잠을 청한다. 아이도 이내 잠에 빠진다. 다시 눈을 뜬 시간은 신랑의 출근 시간을 훌쩍 넘긴 시간. 아이는 이제 밥을 달라고 보챈다. 눈곱을 겨우 떼고 손만 대충 씻고 나와 아침 준비를 한다. 반찬 투정하는 아이가 신경 쓰여 뜨끈한 새 반찬을 두어 가지 만든다. 상을 차리고 마지막으로 밥을 푸려는데, 밥통이 텅 비었다. 늦게 들어온 남편이 몰래 야참을 먹었나보다. 내 이 인간을 그냥. 아이는 배가 고프다며 아우성이다. 급한 마음에 단 음료를 한잔 쥐어준다. 부랴부랴 새로 지어 밥을 먹이는데, 단것을 먹은 후라 그런지 음식에 통 손을 안 댄다. 조금이라도 더 먹이려고 한 시간 남짓 씨름하다 결국 언성을 높이고 화를 낸다. 참아야지 하지만 마음대로 되지 않는다. 아이는 울음을 터뜨린다.

보란 듯 아이가 남긴 밥에 반찬을 쓸어넣고 빠르게 먹는다. 설거지를 하고 집 안 청소를 하는 동안에도 아이는 끊임없이 어지른다. 치우면 어지르기 게임이라도 하는 듯, 사명감을 가지고 난장판을 만든다. 낮잠 재워놓고 책이라도 읽어야지 하지만 결국 또 함께 잠이 들고 만다. 코까지 골며 자고 있는데 벨이 울린다. 택배다. 드디어 도착했구나, 기쁜 마음도 잠시, 몰골이 말이 아니다. 양치도 아직 안 했는데. 하지만 뭐, 한 번 보고 말 사람이다 생각하고 뻔뻔하게 문을 열어 물건을 받는다. 인터넷 카페에서 꼭 써보라던 아이 장난감이다. 아이는 그새 눈을 뜨고 새 장난감에 열광한다. 그 사이 점심을 먹이고, 싫다는 아이를 달래 씻기고, 간식을 먹이고 돌아서니 저녁 시간이다.

이게 뭔가 싶다. 그렇게 쉽게 할 수 있었던 일들이 이제는 정말 할 수 없는 일이 되어버렸다. 깨끗하게 하루를 준비하던 아침도, 따뜻하고 향기로운 모닝커피도, 한가로운 노천 카페에서의 해바라기도, 극장에서 영화 한 편도, 친구와 술 한잔도 너무나 어려운 일들이다. 한때는 꿈도 많았는데, '신상'에 민감한 스타일리스트였는데, 문화생활로 열심히 감성 충전도 하고, 밤문화를 즐기며 스트레스도 풀었는데. 생각하니 애처롭다. 천장 높은 레스토랑에서 브런치도 하고 예쁜 옷 입고 제일 '핫'하다는 공간을 누벼보고 싶다. 파파라치 사진 속 할리우드 배우처럼, 멋지게 하루를 보내고 싶다. 가능과 불가능의 경계를 무너뜨리며 살고 싶다. 나는 오늘 뉴요커가 되고 싶다……는 얘기를 홈페이지에 남겼다가 혼쭐이 났다.

제정신이냐는 쪽지와 댓글이 속출했다. 뉴욕은 가보고 하는 소리냐, 겉멋만 들어 큰일 났다는 지인들의 혀 차는 소리가 컴퓨터 모니터로 생생히 전달되고 있었다. 아니 뭐 연애를 하겠다는 것도 아니고 나쁜 짓 하겠다는 것도 아닌데 참 나, 좀 그냥 넘어가면 안 되나. 결국 바른말 잘하는 한 친구가 전화를 해 이렇게 말했다. "야, 너 〈섹스앤더시티〉 그만 봐. 그거 끝난 지가 언제냐. 정신 차려 이년아. 카푸치노 좋아하네, 애 보리차는 끓여놨냐?"

정신을 차릴 때 차리더라도 일단 나들이를 마음먹은 이상 실행하기로 한다. 우선 오늘의 코스는 외국 분위기 물씬 풍기는 신사동 가로수길과 청담동 일대로 잡았다. 다른 때보다 긴 시간 외출 준비를 한다. 머리도 정성스럽게 드라이하고, 옷차림에도 신경을 쓴다. 멋 내지 않은 듯 멋스럽게. 자연스러우면서도 세련되게. 완전 어렵다. 고민 끝에 면 티셔츠 위에, 애엄마한테 필요도 없는 걸 돈 주고 산다며 욕먹으며 구입한 실크 스카프를 두르니 제법 근사하다. 아이에게도 더러움 탈까 아껴 입히던 핑크색 원피스를 과감하게 꺼내 입힌다. 나란히 선글라스를 끼고, 출발이다.

사실 이럴 땐 멋지게 차를 끌고 나가야겠지만 어디까지나 오늘 나들이의 콘셉트는 뉴욕 스타일이다. 갖다버리라는 〈섹스앤더시티〉의 주인공들을 마지막으로 언급하자면, 맨해튼의 뉴요커들은 자가용이 아닌 택시를 이용한단 말이지. 택시는 아니지만, 뭐 비슷한 대중교통을 이용하기로 한다. 여러모로 지하철이 간편하다. 신사역 8번 출구, 조금만 걸어올라가면 가로수길 입구다. 가로수길은 한국의 소호 거리로 불린다. 차와 식사, 전시회 관람까지 가능한 복합문화카페에서 앤티크숍, 빈티지 멀티숍, 디자이너 및 브랜드숍, 다양한 문화를 경험할 수 있는 수많은 레스토랑들까지. 700미터로 이어지는 메인 스트리트 이외에도 골목 구석구석 볼거리 많다는 소호와 닮은꼴이라고들 한다.

오래도록 신사동에서 직장생활을 했다. 그땐 이 거리가 이렇게 오고 싶을 줄 몰랐는데, 지금은 일부러 찾아오는 길이 되었으니 인생은 참 아이러니다. 익숙한 거리지만 많은 것이 바뀌었다. 가로수길을 빛나게 해주는 것들은 그야말로 가로수였다. 가을이면 은행잎이 이불처럼 푹신하게 깔려 '은행나뭇길'이라고도 불렸다. 하지만 이제 이 길은 계절과 무관한 매력을 지니게 되었다. 언제 어느 때 가더라도 그만의 향취를 뿜어내고 있는 것이다.

소호나 브로드웨이가 그렇듯 가로수길도 저만의 색채를 가지고 있다. 그러니까 가로수길은 보라색 같다. 정열의 붉은색과 이성적이고 차가운 느낌의 푸른색이 섞여 잉태된 오묘한 보라색. 따뜻하고 시원하며 그 어떤 색과도 잘 어울리는 컬러. 어느 색과 함께 있어도 튀지 않고 배려하는 보라색. 그 때문일까, 이 친절한 길은 엄마들에게도 기꺼이 휴식처가 되어준다. 덕분에 우리는 직장생활에 지친 김과장님과 풋사과처럼 어린 연인과 고독을 즐기는 노총각 노처녀들과 발맞춰 걸을 수 있다.

아이와 엄마를 끌어안는 가로수길의 시작은 폭신폭신한 보도블록이다. 단단한 시멘트가 아니라 마치 잔디를 밟는 느낌의 고무블록길은 걸음마가 서툰 아이들도 어렵지 않게 걸어다닐 수 있다. 넘어져도 다칠 일 없으니, 밖에 나와 흥분한 아이가 서둘러 뛰어도 걱정스럽지 않다. 사뿐사뿐 기분 좋게 걸음을 옮기며 우리는 어느새 이국적인 풍경에 빠져든다. 테라스를 활짝 열어놓은 노천 카페와 아기자기한 가게들이 정말 외국 어디에라도 온 것 같다. 이른 아침 놀러 나온 어린 아이처럼 말끔한 모습으로 볕을 받고 있는 테이블과 의자들. 노천 카페의 모습은 제자리에서 공간이동을 시켜주는 마술을 부린다. 눈을 감았다 떴을 뿐인데, 뉴욕의 거리를 걷는 듯한 기분이다. 예쁜 가게들을 지나며 윈도쇼핑을 하고, 때론 들어가 이것저것 만져보기도 한다. 가로수길의 독특한 가게들 중에는 아이 소품이나 의류 등을 파는 곳이 종종 있고, 아이들 파티 드레스 대여점, 수입 장난감 가게 등이 있어 지루하지 않게 시간을 보낼 수 있다.

식사로 뉴욕식 브런치를 해볼까 하지만 선뜻 자리를 잡기가 쉽지는 않다. 일행도 없이 아이와 둘이 급하게 먹고 일어설 생각을 하니 망설여진다. 결국 다 먹지 못했을 경우 포장해 나오기 간편한 메뉴를 선택한다. 가로수길 중간쯤 있는 빵이 죽여준다는 어느 작은 레스토랑에 들어가 샌드위치와 맛있는 프랑스식 빵 몇 가지를 주문한다. 시내 곳곳에 지점을 내기도 했다더니, 과연 그 맛이 기대 이상이다. 외국여행에서나 먹을 법한 신선한 야채와 치즈가 듬뿍 담긴 제대로 된 샌드위치를 맛있게 먹는다. 아이도 맛이 있다며 엄지손가락을 높이 들어준다. 다른 엄마들처럼 나도 세끼 밥을 안 먹이면 큰일 날 것 같았다. 쌀이 들어가야 마음이 놓였다고 해야 하나. 하지만 조화롭게 영양이 담뿍 담긴 음식이라면 한 끼 정도 빵을 먹는 것도 나쁘지 않다고 생각한다. 기분 전환도 하고, 아이에게 다양한 음식을 접할 기회를 주는 것도 성장에 도움이 되지 않을까? 샌드위치 가격은 6,000원에서 8,000원 사이이다. 양이 푸짐해 샌드위치와 부드러운 종류의 빵 하나 정도 나눠먹으면 배가 부르다. 양을 생각하면 그리 비싼 편은 아니다.

JASS
Live Music

　한가하게 여유를 즐긴 우리는 밖으로 나와 나뭇가지 사이사이 뿌려지는 빛을 밟으며 앞으로 향한다. 배부른 모습이 예쁜 산모들이 미래희망산부인과로 들어간다. 산부인과 앞이라 그런지 주변에 아이 관련 용품점들이 넘친다. 참새 방앗간 들르듯 빼놓지 않고 들어가본다. 골목을 모두 돌아보고 싶었지만, 또다른 여정이 있어 한국의 소호 가로수길 여행은 이쯤에서 마친다. 이제 도산공원으로 갈 계획이다. 도산공원을 가기 위해서는 다시 신사역 방향으로 올라가야 한다. 들어왔던 골목 입구에서 큰길을 건너 버스를 타면 어렵지 않게 도산공원을 찾을 수 있다.

　도산공원은 과연 이런 곳에 공원이 있을까 싶을 정도로 깊숙이 숨어 있다. 도시의 한가운데 있는 이 작고 아담한 공원은 보물상자 안에 꼭꼭 숨겨둔 보물 같다. 아파트와 빌딩 숲 가운데 존재하는 진짜 숲. 어떤 사람들은 패션의 도시 뉴욕에서 잠시 쉬기 위해 들른다는 브라이언트 파크와 같다고도 한다. 그러고 보니 큰길에서 공원까지 채 1킬로미터가 되지 않는 길 양옆으로 세련된 이국의 향기가 물씬 풍긴다.

　도산공원은 로하스 열풍이 불어오던 때 슬로푸드를 표방하며 문을 열었던 '느리게걷기'가 있었고(지금은 청담사거리로 이전했다), 욘사마가 운영한다는 레스토랑 '고릴라인더키친' 등 트렌디한 레스토랑들이 줄지어 있는 곳이다. 그리고 언젠가부터 이곳은 단순한 레스토랑 집합소가 아닌 패션의 메카로 떠오르고 있다. 지나면서 보니 도산공원 앞 느리게걷기가 있던 자리에 커다란 랄프로렌 건물이 들어섰다. 아시아에서 가장 큰 플래그

117
때 로 는
뉴 요 커 처 럼

십 스토어(특정 브랜드의 성격과 이미지를 극대화한 매장)라는데, 들어가 둘러보고 싶다. 그러나 이미 공원 입구 너머 초록 잔디와 눈맞춘 아이는 외도를 허락하지 않는다.

평일의 도산공원은 언제나 한가하다. 안으로 들어가면 지압길도 있고, 운동기구도 있고 번듯한 벤치도 있건만 아이는 입구 근처 잔디밭에 뛰어든다. 하긴 아이에게는 이국의 느낌이고 뭐고, 발 딛고 뛰어놀 수 있는 공간이 제일이다. 이제야 자기 마음에 드는 곳에 왔다는 표정이다. 잔디에서 벗어날 것 같지 않던 아이는 비둘기를 따라 저만치 흙길로 나선다. 비둘기는 일부러 안내라도 하듯 뒤뚱거리며 지압길로 향한다. 푸드덕, 비둘기는 날아가버리고 우리 앞에 울퉁불퉁한 돌길이 놓여 있다. 신발을 벗고 밟아보자고 하니 달아나는 아이. 겁이 많은 성격이 그대로 드러난다. 함께 경험해보고 싶지만, 싫다는 것을 억지로 시키지는 않는다. 누구나 싫다는 것을 하라면 좋아할 사람은 없으니까.

우리의 나들이를 산뜻하게 마무리하기 위해 아이를 따라 자리를 옮긴다. 아이는 어느새 도산 안창호 선생님 동상 앞에 서 있다. 공원 중앙에 있는 동상 주변은 다른 곳에 비해 더 허전한 느낌이다. 도산공원에 오면 쉽게 지나치지만 곳곳에 선생의 좋은 글이 새겨진 비석이 있다. 처음 이곳을 찾았을 때, 마음을 사로잡았던 글귀가 있었는데 '낙망은 청년의 죽음이요, 청년이 죽으면 민족이 죽는다'라는 선생의 말씀이었다. 청년이었던 그 시절, 선생의 말씀에 가슴이 울컥했던 기억이 있다. 하지만 글을 모르는 아이에게는 그저 숲 곳곳에 이정표처럼 세워진 커다란 돌덩이일 뿐이다. 나중에 그 글을 이해할 나이가 되면 찬찬히 읽어보게 해야겠다고 마음 먹는다. 이내 선생의 묘소에 찾아간 아이는 봉긋하게 솟은 묘가 신기한 모양이다. 아직 산소에 한 번도 가보지 않은 아이는 "엄마 뭐야?"라고 호기심 가득한 눈으로 묻는다. 아, 뭐라고 설명해야 하나. 아이가 자라면서 질문할 때가 가장 무섭다더니, 갑자기 머릿속이 하얘진다. 죽음 이후의 안식처인 저곳을 아이에게 과연 어떻게 설명해야 할까? 숨 쉬지 않는 인형조차 살아 있다고 믿는 아이에게 죽음을 이해시킬 수는 없는 노릇이다.

결국 별다른 대답을 하지 못하고 시선을 옮긴다. 다 안다고 생각했는데, 세상엔 대답할 수 없는 것 천지다. 아이를 키우면서 그것이 가장 어렵다. 대부분은 시간과 체력이 해결해주지만 못 하는 것들이 있다. 앞으로 남은 숙제겠지. 숲속 오솔길이라는 작은 산책로를 지나 우리는 공원 밖으로 나온다. 도산공원 주변을 쇼핑의 메카로 자리잡게 한 '메종 에르메스 도산파크'를 지난다. 세계적 패션기업이 세운 플래그십 스토어이다. 이곳은 단순한 쇼핑 장소가 아니다. 갤러리, 북카페를 갖춘 복합문화공간이다. 당장 들어가 속속들이 둘러보고 싶은 마음이 굴뚝같다.

한참을 뛰어논 소울이가 곧 잠들 것 같아 뉴요커 기분내기 코스의 마지막을 완성해주는 에르메스 탐방은 다음으로 미룬다. 만약 이대로 아이가 잠들어버리면 집에 가는 시간이 진짜 뉴욕에서 집까지 가는 시간만큼 걸릴 테니까. 🌷

❀10꼬르소꼬모

이탈리아 밀라노의 복합문화공간으로 유명한 공간인 '10꼬르소꼬모'의 서울지점이다. 이곳은 3층의 건물 하나에 잡지에 담긴 모든 것이 있다. 패션, 미용, 음악, 라이프스타일 등을 아우르며 쇼핑, 갤러리, 카페, 레스토랑의 모든 기능을 모아놓았다. 다양한 제품들과, 디자인서적, 꼭 갖고 싶은 생활용품까지 1층부터 3층을 천천히 구경하다보면 시대의 흐름을 단번에 알 수 있다. 하지만 엄마들에게 최고는 뭐니뭐니해도 1층에 위치한 카페 겸 레스토랑이다. 시원한 통유리 바깥에는 아담하고 예쁜 정원이 있어 볕이 좋은 날이라면 아이와 시원한 바람을 맞으며 휴식을 취할 수 있다. 또 둥근 프레임으로 격리된 듯 어우러지는 실내 테이블들은 개인적인 공간을 만들어줘 아이와 함께 식사하기 좋다. 의자도 편하고, 디자인이 참 예쁜 베이비체어가 있어 편리한 것이 또 하나의 장점. 가격대가 조금 비싼 것이 흠이지만, 하루쯤 편안히 즐길 생각으로 들러보는 것도 나쁘지 않다. 그만큼 많은 것을 보고 느낄 수 있는 공간이기 때문이다.

❀**10꼬르소꼬모** (문의: 02-547-3010)
영업시간: 스토어(11:00~20:00)/ 카페(10:30~20:00)
주차시설: 1시간 무료주차(이후 30분당 1,000원)

Point
Space

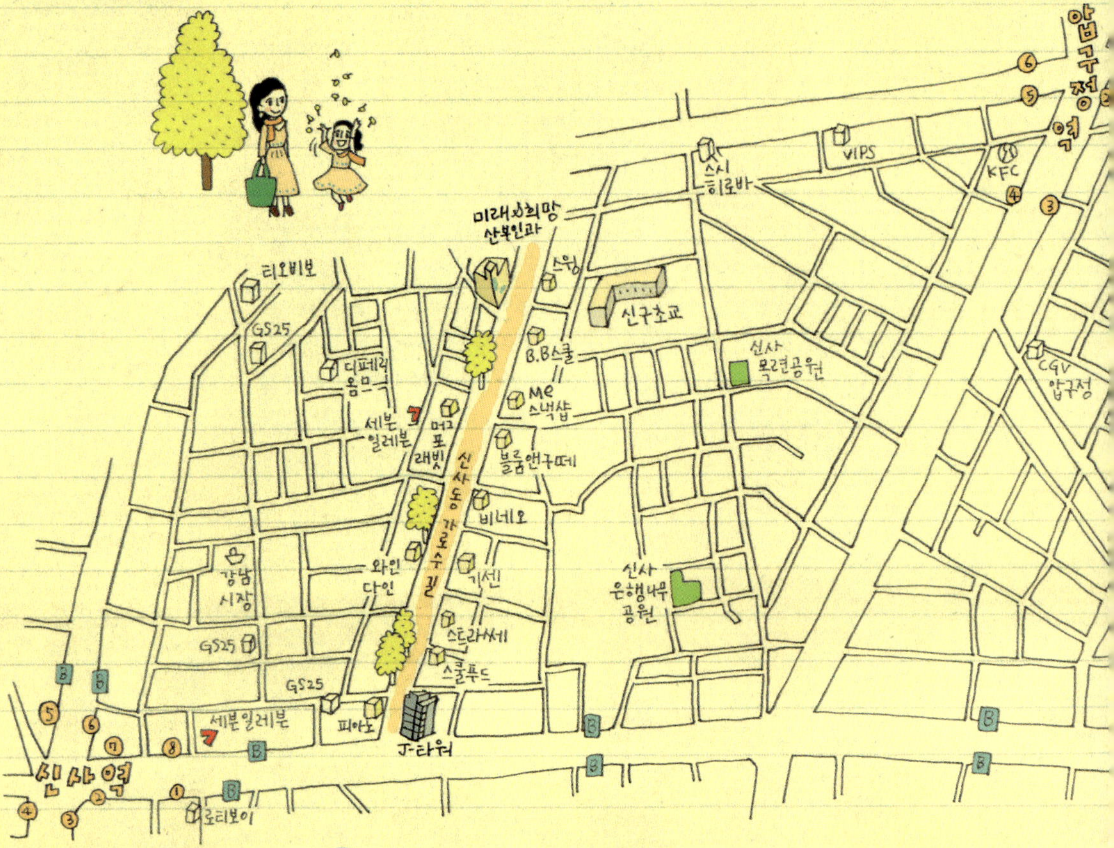

압구정역
미래와희망 산부인과
소영
신구초교
스시 히로바
VIPS
KFC
CGV 압구정
선사 목련공원
티오비보
GS25
디페랑옴므
B.B스쿨
me 스낵샵
세븐일레븐
머그래빗
포
신사동가로수길
블룸앤구떼
비네오
키센
신사 은행나무 공원
강남시장
와인다인
GS25
스트라쎄
스쿨푸드
GS25
세븐일레븐
피아노
J-타워
로티보이
신사역
5. 27. 28
5. 27. 28
5. 27. 28

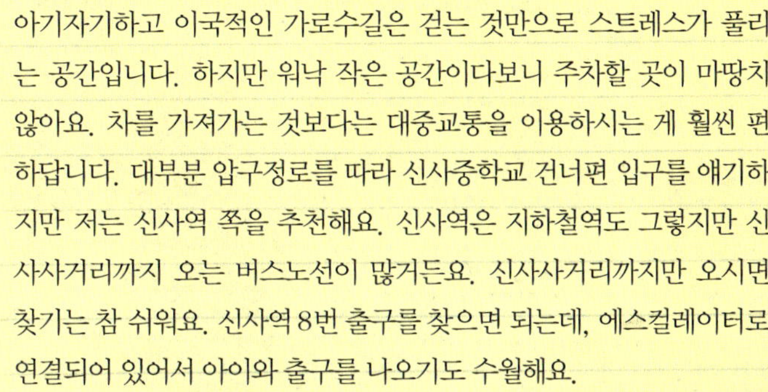

🎀 가로수길은요~

아기자기하고 이국적인 가로수길은 걷는 것만으로 스트레스가 풀리는 공간입니다. 하지만 워낙 작은 공간이다보니 주차할 곳이 마땅치 않아요. 차를 가져가는 것보다는 대중교통을 이용하시는 게 훨씬 편하답니다. 대부분 압구정로를 따라 신사중학교 건너편 입구를 얘기하지만 저는 신사역 쪽을 추천해요. 신사역은 지하철역도 그렇지만 신사사거리까지 오는 버스노선이 많거든요. 신사사거리까지만 오시면 찾기는 참 쉬워요. 신사역 8번 출구를 찾으면 되는데, 에스컬레이터로 연결되어 있어서 아이와 출구를 나오기도 수월해요.

자, 8번 출구로 나왔다면 위로 오십 발자국쯤 걸으세요, J-Tower라는 은색 건물이 보이면 바로 좌향좌. 가로수길이 시작됩니다. 거리를 따라 내려가면서 골목 사이를 놓치지 않고 들여다보시면 됩니다. 볕 좋은 노천 카페에서 아이와 기분 내면서 먹을 만한 곳이 많으니, 천천히 걸으며 마음에 드는 곳을 찾는 것도 좋을 것 같아요.

가로수길 여행을 마치고 도산공원을 찾고 싶다면 다시 신사역 쪽으로 나오는 게 편해요. 길을 링이라고 생각하고 한 바퀴 쭉 돌아나오면 되죠. 다시 신사역 방향 입구로 나와서 바로 앞에 있는 횡단보도를 건너세요. 조금 아래로 내려가면 버스정류장이 있는데, 대부분의 버스들이 도산공원을 지나갑니다. 4121번, 4422번 등이 지나고 정류장 이름은 '늘봄공원'이니까 확인하고 타세요. 서너 정거장으로 짧기 때문에 힘들지 않을 거예요. 만약 조금 지쳤다면 택시를 타도 5,000원을 넘지 않을 거리랍니다. 정류장에서 내리면 건너편에 씨네시티가 보이는데 거슬러 올라가 길을 건너세요. 그러면 또 작은 골목과 마주하게 되죠. 그 골목 끝에 바로 도산공원이 있습니다. 참! 만약 바로 도산공원만 찾을 생각이라면 7호선을 이용하시면 됩니다. 강남구청역 4번 출구로 나와 직진, 사거리에서 길을 건너 '씨네시티' 방향으로 올라가면 간단히 찾을 수 있어요.

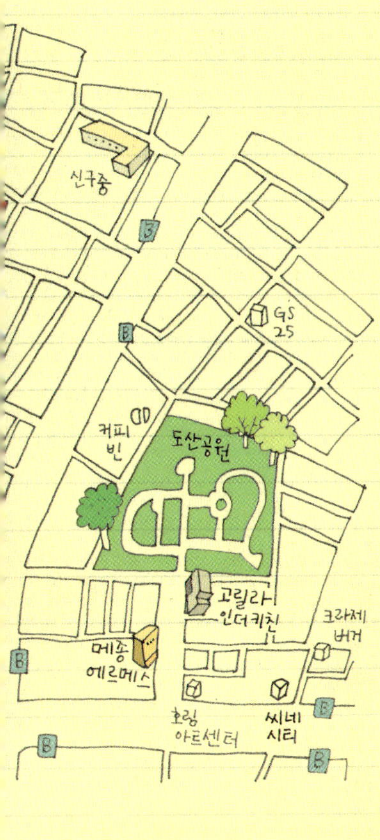

서울역사박물관과 경희궁,
풍월당과 서울숲 야외음악회,
대학로, 덕수궁 미술관과 오페라 갤러리 서울,
지하철 무료 예술공연, 별난물건박물관, 삼청동

광화문에 다 있다

서울역사박물관과 경희궁

정말 아이가 30개월쯤 되고 보니 웬만해서는 일이 두렵지 않다.

이러다 언젠가는 눈빛만으로 숟가락을 구부릴 수 있을 것 같다.

그렇게 초능력을 숨기고 사는 슈퍼 히어로라도 되는 듯, 선글라스를 꺼내 쓴다.

그리고 당당하게 유모차를 밀며 무리에 섞인다.

'나도 사람이오, 나도 당신들과 똑같은 사람이란 말이오.' 속으로 외치면서.

오랜만에 사람들과 어울리며 들뜬 내 마음을 아는지 모르는지,

사람들은 분주했다.

조수미 &
드미트리
17
SEJONG CENTER

사람들은 상상도 못 할 것이다. 아이를 키우는 엄마들이 외롭다는 걸. 엄마라는 이름을 가진 사람들은 기쁨도 슬픔도 외로움마저도 걸쭉하게 섞어 모성애라는 최상급의 새로운 감정 하나로 승화시켰을 것이라고 생각한다. 그러나 사실 우리는 정말 외로운 사람들이다. 언제나 씩씩하게 제자리를 지켜야 하는 사람들. 한 치의 흐트러짐도 잠시의 방황도 허용되지 않는 사람들. 외롭다고 말할 수 없어 더 외로운 사람들이 바로 엄마다.

'외로우니까 사람이다' 라는 멋진 말도 있지만, 엄마들의 외로움은 그 차원이 좀 다르다. 소통의 부재로 인한 외로움이라고나 할까? 가령 아이 엄마 서넛이 아이를 데리고 함께 만났다 치자. 주변 사람들은 팔자 좋은 엄마들이 애들 데리고 나와서 재미있게 노는구나, 할 것이다. 하지만 현실은 아니다. 정말 단 한 번도 아이를 동반한 아줌마 모임에서 제대로 된 대화를 한 적이 없다. 말 좀 할라치면 "엄마, 물!" "엄마, 응가!" "엄마, 밥 더 줘!" "엄마, 가자!" 뭐 이리 갔다 저리 갔다 하다보면 어느새 이야기는 산으로 가고 만다. "요즘 뭐 해먹어? 내가 얼마 전에 새우를 사다가…… 아무튼 그 인간은 빨래 한 번을 안 개." "나도 이제 자기 계발 좀 해야지 하고 서점에 갔는데 글쎄…… 하여간 설거지 한 번을 안 도와주니까." "동네에 새로운 미술학원이 생겼는데 수업이…… 그러니까 걸레질하면 손바닥에 불나는 줄 알지." 이렇게 남편이라는 산으로. 그나마 공통 화제가 있다는 걸 다행으로 여겨야 하나.

어쨌든 사정이 이렇다보니 한참을 수다 떨고 집에 돌아와도 도무지 무슨 얘기를 했는지 핵심이 기억에 없다. 그 집 신랑도 내 남편과 똑같다는 사실을 확인한 정도다. 시간을 내 여유롭게 속 얘기도 하고, 고민도 나누는 대화는 그야말로 호사다. 그렇다고 혼자만의 시간을 즐기며 외로움을 음미할 수도 없는 사람들이 엄마다. 그래서 엄마들은, 외롭다.

어쨌거나 육아를 하면서 극복해야 할 커다란 산 중의 하나가 외로움이다. 슬기롭게 넘어가지 않으면 우울증으로 발전할 수도 있고, 일상이 무기력해질 수 있다. 갑자기 외로움이 밀려들 때 가장 큰 약이 되는 것은 역시 '사람'이다. 함께 공감하고 소통할 수는 없겠지만, 무작정 무리 속에 섞이는 것도 좋은 방법이다. 어깨를 부딪히며 지나가는 사람들 틈에 오롯이 서 있다보면 '그래 사는 게 다 거기서 거기지, 별거 있겠어'라고 안도하게 된다. 또 거센 인파 속에서 바쁘게 움직이는 그들과 다를 바 없는 사회의 한 구성원이라는 사실을 깨닫고 마음을 다독이곤 하는 것이다.

이렇게 사람들 틈에 섞이기 가장 좋은 곳이 있으니, 바로 광화문이다. 인구 1,200만이 살고 있다는 고밀도 거대도시 서울에서 사람 북적대는 곳이야 어디든 찾을 수 있지만, 광화문은 다르다. 그곳엔 사람이 있고, 문화가 있고, 역사가 있고, 추억도 있다. 광화문에 가면 모든 것이 다, 있다.

버스에서 내린 우리는 이내 인파에 휩쓸린다. 무수히 지나가는 사람들 틈에서 아이를 유모차에 앉히고, 안전벨트를 단단히 맨다. 사람이 많고, 걸을 일이 많은 곳은 유모차가 필수다. 이제는 아이도 제법 잘 따라 걷고, 대중교통을 이용할 때 귀찮기도 하지만 그래도 챙기는 이유다. 한쪽에 아이와 가방을 메고, 한쪽에 유모차를 들고 버스에서 내리는 것 정도야 식은 죽 먹기니까.

정말 아이가 30개월쯤 되고 보니 웬만해서는 일이 두렵지 않다. 이러다 언젠가는 눈빛만으로 숟가락을 구부릴 수 있을 것 같다. 그렇게 초능력을 숨기고 사는 슈퍼 히어로라도 되는 듯, 선글라스를 꺼내 쓴다. 그리고 당당하게 유모차를 밀며 무리에 섞인다. '나도 사람이오, 나도 당신들과 똑같은 사람이란 말이오' 속으로 외치면서. 오랜만에 사람들과 어울리며 들뜬 내 마음을 아는지 모르는지, 사람들은 분주했다.

커다란 광화문사거리에 서서 어디로 갈까, 고민이 스친다. 왼쪽으로 길을 건너면, 광화문우체국과 일민미술관이 있다. 앞으로 길을 건너면 세종문화회관과 서울역사박물관이 있다. 대각선에는 조너선 보로프스키의 조형물과 갤러리가 있는 광화문 흥국생명 사옥이 있고, 제자리에서 뒤로 돌면 교보문고가 보인다. 이순신 장군님, 오늘은 어디로 가야 할까요? 나의 질문에 광화문광장 조성공사로 먼지를 자시고 언짢으신 듯 이순신 장군은 아무 말씀이 없다.

결국 나는 '대한민국의 한복판'이라는 광화문사거리의 길을 건너기로 한다. 그리고 제법 이국적인 거리를 지난다. 관광객이라도 된 듯한 기분이다. 언제나처럼 '서울역사박물관' 으로 향하려다 시계를 본다. 사람들이 쏟아져나오는 걸 보니 점심시간인 것 같은데, 역시 12시가 조금 넘은 시각이다. 문득 세종문화회관 뒷마당에서 펼쳐지는 뜨락축제가 떠오른다. 평일 낮 12시 20분부터 직장인들을 위해 펼쳐지는 다양한 공연이 발길을 잡아끈다. 오늘은 무슨 공연일까? 잠시 들러보고 가기로 한다. 서울시립국악단의 연주이다. 우리 음악을 현대적으로 연주하는데, 이채롭다. 직장인은 아니지만 서울시민의 한 사람이니 당당하게 자리를 잡고 앉아 공연을 감상한다. 나들이의 시작이 좋다. 짧은 공연이 끝나고 다시 가던 길로 향한다.

PLAY #02
A R T

133
광 화 문 에
다   있 다

서울역사박물관, 광화문 나들이 때마다 그곳을 찾는 이유는 셀 수 없이 많지만 한 가지를 꼽으라면 아이와 가장 놀기 좋은 곳이라는 점이다. 서울역사박물관은 조선시대를 중심으로 서울의 역사와 문화를 정리해 보여주는 도시역사박물관이다. 개방적 박물관을 표방하고 2002년 개관한 이 박물관은 입구부터 시원하다.

바닥에 대동여지도를 그린 김정호가 그린 서울지도인 '수선전도'가 새겨진 분수는 아이들의 첫번째 놀이터이다. 시원하게 뿜어내는 물줄기를 바라보며 흥분하는 것도 잠시, 물이 그친 뒤 바닥에 드러나는 옛 지도 그림에 마음을 빼앗기는 아이들이다. 어른도 다르지 않아서, 조용히 바닥을 응시한다. 그렇게 서울역사박물관 앞마당에서 놀고 나면 이제 뒷마당으로 향한다. 문을 열고 들어서면 여느 박물관과 다를 게 없지만, 눈앞에 보이는 계단을 비켜 조금 더 걸어나가면 아담한 뒷마당과 마주하게 된다.

잔디가 곱다. 통 자연을 만날 기회가 없는 도시생활이다보니, 고운 잔디만 봐도 마음이 설렌다. 아이도 그럴까? 우리는 잠시 벤치에 앉아 요기를 하고 목을 축인다. 짐을 챙기면서 보니 '경희궁 가는 길'이라는 화살표가 보인다. 유혹이라도 하듯 몰래 나 있는 길이 궁금하다. 좀더 빠르게 갈 수 있는 계단이 있지만 유모차가 있어 따로 비탈길을 오른다. 작은 비탈을 올라도 경희궁은 좀처럼 제 모습을 보여주지 않는다. 또 한번 계단을 지나니 비로소 나타난다. 일제시대 자취를 감춘 뒤 다시 복원된 경희궁이다. 조선시대 서궐로 화려하게 자리했던 이곳은 인조 이후 철종까지 10대에 걸쳐 임금들이 이궁(離宮, '태자궁' 또는 '세자궁'을 달리 이르던 말)으로 사용했

다. 특히 영조는 치세의 절반을 이곳에서 보냈다고 한다. 그러나 흥선대원군이 경복궁을 재건하면서 상당수의 건물을 옮겨갔고, 일제강점기 궁궐의 모습을 잃을 정도로 수난을 받은 아픈 역사를 간직한 곳이다.

환하게 웃으며 뛰어노는 아이의 모습이 한 맺힌 선조들에게 조금이라도 위안이 되기를 바라며 아담한 경희궁을 두루 살핀다. 궁 한편엔 건축가 렘 콜하스가 설계한 움직이는 건축물인 〈프라다 트랜스포머〉가 자리한다. 육각형, 직사각형, 십자형, 원형이라는 각기 다른 사면체의 건물은 때에 따라 움직여 영화제, 예술 전시, 패션쇼 등을 여는 문화의 장이 된다

고 한다. 고즈넉한 궁의 모습과 어딘지 어색한 초현대식 건축물의 대비를 뭐라고 해야 할지, 그저 바라볼 뿐이다. 다시 광화문사거리로 내려와 나는 아이와 세종문화회관 옆 기다란 계단 서른번째쯤에 걸터앉는다. 얼마 전 새롭게 문을 연 광화문광장이 눈에 들어온다. 아직은 낯설지만 언젠가는 익숙한 서울의 일부가 될 것이다. 자꾸 변하는 것이 아쉽지만 어쩔 수 없는 일이다.

몹시 아팠던 그때, 병실에 누워 이 모습을 꿈꿨다. 척추수술을 받고 제법 긴 시간 누워 있어야만 했던 나는 해가 비칠 때마다 생각했다. '다 나아서 두 다리로 튼튼하게 걷게 되면 아이와 꼭 세종문화회관 옆 계단을 찾아가야지'라고. 특별한 이유는 없었다. 아마도 그저 그렇게 서 있는 것만으로 세상의 일부가 될 수 있을 거라는 기대 때문이었던 것 같다.

오늘도 난 사무치게 외로울 때면, 외로워도 외롭다고 말할 수 없을 때면 광화문행 좌석버스를 탄다. 아이와 함께 인파에 섞여 그렇게 서울 한복판의 풍경이 된다. 🌷

♪ 성곡미술관

두세 가족이 함께 광화문 나들이를 위해 움직였다면, 성곡미술관을 추천한다. 서울
역사박물관을 왼쪽에 두고 골목으로 쭉 걸어올라가면 찾기도 쉽다. 미술관도 그렇지
만 이곳의 트레이드마크는 조각공원과 그 공원을 한눈에 내려다볼 수 있는 찻집이
다. 입장료 7,000원을 내면 미술관과 조각공원을 둘러보고, 이곳에서 차를 한
잔 마실 수 있다. 오랜만에 친구들과 아이를 데리고
나들이를 계획한 엄마들이 우아하게 기분을 내기
그만인 곳이다.

❀ **성곡미술관** (문의: 02-737-7650)
관람시간: 평일·공휴일 10:00~18:00 / 매주 월요일 휴관
관람료: 일반 5,000원 / 유아 및 학생 3,000원

☆ 영화관 씨네큐브

서울역사박물관 건너편 흥국생명 사옥에 위치한 영화관 씨네큐브는 굳이 영화를 보
지 않더라도 한번 들러볼 만한 곳이다. 마치 숲 속에 있는 듯한 쾌적한 극장
과 입맛 돋우는 여러 음식점도 좋지만, 건물의 일부인 듯 친근한 미술작품들
이 곳곳에 숨어 있기 때문이다.
세계에서 가장 큰 바코드로 기네스북에 오른 작품인 대형 바코드를 시작
으로, 에스컬레이터 옆 신현중의 조각작품인, 고개를 치켜들고 먼 곳을
응시하는 사슴, 선큰가든(sunken garden, 지면보다 낮은 정원) 한가운데
설치된 홍승남의 조형작품, 1층 로비 중앙벽에서 볼 수 있는 설치미술
가 강익중의 〈아름다운 강산〉, 건물 밖을 오가는 사람을 반기며 1분 17
초마다 망치를 든 오른팔을 위아래로 움직이는 미국의 조각가 조너선
보로프스키의 조각 〈해머링 맨(Hammering Man, 망치질하는 사람)〉 등
최고의 작품들을 공짜로 구경할 수 있으니 시간이 난다면 아이와 천
천히 둘러보는 것도 좋겠다.

❀ **영화관 씨네큐브** (문의: 02-2002-7770)
편의시설: 영화 예매시 주차 3시간 무료 / 다수의 식당과 카페

◉ **서울역사박물관** (문의: 02-120)
관람시간: 평일 09:00~21:00 / 토요일·공휴일 10:00~19:00(동절기 18:00) /
　　　　　매주 월요일, 1월 1일 휴관
관람료: 어른 700원 / 어린이 및 청소년, 노인은 무료
주차요금: 기본 2시간 3,000원 / 초과 10분당 500원, 단 경차는 50퍼센트 할인
편의시설: 박물관내 카페(식사, 차류) / 휴게실(도시락 식사 가능) /
　　　　　유모차 및 휠체어 비치

◉ **경희궁** (문의: 02-724-0274~6)
관람시간: 평일 09:00~18:00 / 공휴일 10:00~18:00 / 매주 월요일, 1월 1일 휴관
관람료: 무료

☕ 광화문은요~

버스도 많고 지하철 5호선이 있어 대중교통을 이용하기 쉬운 곳이 광화문입니다. 하지만 서울 이외의 지역에 살거나 아이가 둘 이상이어서 대중교통 이용이 쉽지 않은 분들에게는 엄두가 나지 않는 나들이 코스가 또 광화문이죠. 승용차로라도 다녀오고 싶은데 주차가 어려우니까요. 그런 이유로 광화문 나들이를 꺼렸다면, 내일이라도 계획을 세우고 떠나세요. 서울역사박물관 주차장을 이용하면 되거든요. 금액은 2시간에 3,000원, 이후 10분당 500원이 추가되고요, 미리 1만 원을 내면 종일주차를 할 수 있어요. 동네 엄마들 두세 팀이 마음먹고 한 차로 움직이면 크게 부담 없는 금액입니다.

이곳에 차를 대고 쭉 광화문 아래로 내려가는 코스를 이용하면 크게 힘들이지 않고, 아이들과 즐거운 나들이를 할 수 있어요. 식사는 서울역사박물관 안에 있는 레스토랑을 이용해도 좋지만 일품 밥요리 하나에 7~8,000원 정도로 가격이 부담스러운 편이에요. 세종문화회관 뒤쪽으로 식당도 많고 먹을 곳이 많으니까 적당한 곳에서 해결해도 되고, 간단한 도시락을 준비했다면 서울역사박물관 뒷마당 벤치나 경희궁 등에서 먹어도 되겠죠. 단 주의해야 할 점은, 만약 평일 나들이를 하신다면 점심시간은 피하세요. 미리 늦은 아침을 먹고 출발하거나, 간단하게 간식으로 요기를 하는 게 좋아요. 아무래도 직장인들이 많은 곳이라 12시부터 1시 30분까지는 온 식당이 발 디딜 틈이 없으니까요.

서울역사박물관은 위층 상설전시 등을 관람하지 않으면 입장료가 없어요. 경희궁도 무료입장이고요. 하지만 전시가 보고 싶다면 엄마만 700원의 입장료를 내면 되니까, 호기심 많을 나이의 아이라면 역사박물관 3층 전시실을 돌아보며 서울의 역사에 대해 알아보는 것도 좋겠죠? 또 〈프라다 트랜스포머〉 안의 이벤트나 행사에 참여해보고 싶다면 꼭 예약을 해야 한다는 것 잊지 마세요. 입장료가 무료인 대신, 예약된 분만 들어갈 수 있다고 하네요.

음악이 흐르는곳

풍월당과 서울숲 야외음악회

아이는 일단 막대사탕을 입에 물고 꽁무니를 쫓는다.

교향곡을 들어볼까, 차분하게 피아노곡을 들어볼까.

이번엔 바흐, 모차르트, 베토벤, 슈베르트, 쇼팽 사이에서 고민하는 사이

옆에서 종알종알 뭐 하냐, 그건 뭐냐 질문이 끊이지 않는다.

아무리 설명해도 못 알아들으면서,

엄마가 아이의 질문에 같은 답을 하는 게 재미있는지

했던 말을 하고 또 한다.

다른 엄마들은 끝까지 친절하게 대답해주던데, 성질 급한 엄마는

결국 '그만 좀 물어'라고 꽥 소리치고 만다.

GÜNTER WAND
G. Szell.
Rafael Kubelík.

임신이 쉽지 않을 것이라는 의사의 말을 들은 지 꼭 2주 후였다. 빈 여행을 계획하게 된 것은 모차르트 때문이었다. 마침 모차르트 탄생 250주년이었고, 빈에서는 다양한 행사가 진행되고 있었다. 모차르트라면 위트 있는 위로를 기대해도 좋을 것 같았다.

애당초 아이에는 별 관심이 없던 우리였다. 서로를 울타리 삼아 재미있는 인생을 살아보자고 한 결혼이었다. 다른 사람들처럼 때 되면 아이 낳고, 기르느라 힘 빼면서 불쌍하게 늙어가지 말자. 그것은 우리 사이의 보이지 않는 약속이었다. 왜 꼭 아이를 낳아야 하는 것인지 이해할 수 없었다. 둘만으로도 충분히 행복하다고 생각했으니까. 그리고 아이가 있는 친구 부부가 마음대로 여행 계획을 세우지 못할 때마다, 모임에 번번이 빠지는 선배 부부를 볼 때마다 우리의 선택이 옳다고 믿었다. 그렇게 5년을 죽 잘 맞는 짝꿍이 되어 잘살았다, 우리는.

그런데 어느 날부터 그들에게 눈길을 주게 됐다. 어른들은 이제야 철들었다고 말씀하셨지만, 진짜 이유는 아직도 모르겠다. 그저 나와 그를 반씩 닮은 우리의 분신이 세상에 있다면 더 좋은 인생이겠구나 하는 기대가 생겼다고 해야 하나. 아니 그래, 솔직히 말하자. 어느 순간부터 친구가 아이를 낳았다. 친척이 아이를 낳았다. 동료가 아이를 낳았고, 선후배가 아이를 낳았다. 하다못해 빅토리아 베컴도 아이를 줄줄이 낳고 있었다. 갑자기 마음이 급해졌다. 남들이 다 하는 것을 나만 안 하고 있었던 것이다.

어린 시절 친구들 모두 가지고 있는 롤러스케이트가 갖고 싶어 안달하던 그런 마음 정도였다. 그리고 그때 엄마를 졸라 산 롤러스케이트를 신고 뽐냈던 것처럼 금방, 아이를 가질 수 있을 거라 생각했다.

그럼 우리도 이제 낳아볼까? 한번 해봐도 나쁘지 않을 것 같아. 갑작스런 제안에 남편은 당황했지만 이내 고개를 끄덕였다. 그렇게 우린 변화에 동의했다. 그냥 그러면 다음 달에 아이가 들어서고 아홉 달 후에는 우리의 분신과 만날 것이라고 생각했다. 새 신발 사듯 모든 것이 쉬울 것이라고 생각한 게 잘못이었을까? 한 달, 두 달, 석 달이 지나도록 아무런 소식이 없었다. 나는 당장 불행해졌다. 석 달 전만 해도 다음 휴가는 휴양지로 갈까, 유럽 도시를 찾을까를 고민하던 나였다. 부부가 아닌 연인처럼 산다며 부러워하는 사람들 앞에서 우쭐하던 나였다.

그러나 석 달 후의 나는 마치 결혼생활 내내 아이를 기다려왔다는 듯 안절부절못하고 있었다. 모든 초점은 임신에 맞춰졌다. 점점 불안했다. 무식하게 날짜만 맞춰보는 나를 보다 못한 선배가 병원에 가볼 것을 권했다. 30대에 접어들었으니 기본적인 검사를 한번 해보는 것이 어떠냐고 했다. 원인이 있다면 밝혀내고, 치료를 하면 될 것이라며 이름난 불임병원의 전화번호를 알려줬다. 그때만 해도 예방 차원의 검사 정도라고 생각했는데, 결과가 좋지 않았다. 인공적인 시술이 있어야 한다는 것이었다. 이틀을 꼬박 울고, 회사에 휴가를 신청했다. 그리고 짐을 꾸렸다. 도망치듯 빈으로 떠났다.

여행 내내 우리는 어떠한 계획도 세우지 않았다. 덕분에 호텔을 잡는 것도 매일 밤 수많은 극장에서 열린다는 모차르트 음악회 티켓을 마련하는 것도 쉽지 않았지만, 그렇게 부딪히다보니 오히려 마음의 여유를 찾을 수 있었다. 빈은 과연 음악의 도시였다. 골목마다, 거리마다, 카페마다 음악이 있었다. 음악이 흐르지 않아도 음악이 지닌 역사가 있었다. 힘들게 예매해 감상하는 모차르트의 실내악은 꿈보다 더 달콤했고, 거리에 서서 듣던 이름 없는 바이올리니스트의 연주는 감미로웠다. 온 도시가 음악으로 가득했던 빈에서 고민은 쓰레기통에나 던져버려야 할 것이었다. 오직 인간의 생이 얼마나 아름다운가에 대한 생각뿐이었다면 너무 과장된 표현일까? 어쨌든 우리는 오스트리아 중앙묘지에서 베토벤과 슈베르트, 요한 슈트라우스 부자에게 인사를 하고 집으로 돌아왔다. 그 후 나는 석 달 전의 나로 돌아가 있었다. 그리고 얼마 안 돼 우리의 분신을 품을 수 있었다. 지금도 생각한다. 만약 그때 음악이 없었다면, 다시 행복해질 수 있었을까?

진심으로 내 아이가 음악가가 되길 바라지는 않는다. 어려운 경쟁의 세계에서 힘겨운 생을 살지 않았으면 좋겠다. 다만 어디에서 무슨 일을 하건 예술을 즐기는 사람이었으면 좋겠다. 그래서 누구에게나 출렁이는 인생 앞에서 음악이라는 돛단배를 타고 유연하게 파도를 넘었으면 한다.

뭐 이런저런 이유로 아이에게는 지금까지 별다른 음악교육을 하기보다는 많이 부르고 듣는 경험을 쌓는 것을 우선하고 있다. 집에 있는 날 종일 음악을 틀어주긴 하지만 아무래도 선택의 폭이 좁다. 동요, 가요, 클래식 장르를 가리지 않지만 다양하게 듣기에는 무리가 있다. FM 라디오에 모든 것을 맡기자니 그저 흘려보내게만 되고, CD를 틀자니 가지고 있는 게 뻔한 레퍼토리라 아쉬운 것이다.

이럴 때는 국내 유일의 클래식 전문 매장인 '풍월당' 나들이를 계획한다. 좋은 스피커에서 아름답게 흘러나오는 다양한 음악을 들을 수 있는 곳이기 때문이다. 압구정동 한복판에 있는 평범한 빌딩이지만, 엘리베이터로 4층을 누르고 안으로 들어가면 마치 음악회에 온 듯 눈과 귀가 즐겁다. 풍월당은 클래식 음반을 단순한 상품이 아닌 예술의 산물이라고 생각해, 그저 '가게'가 아닌 지적 교류의 장으로 탄생한 곳이다. 온라인 판매를 하지 않고 오프라인 판매를 고수하는데, 직원과 고객이 서로 음악에 대한 감상을 나누었으면 하기 때문이라고 한다. 하지만 전화나 팩스, 우편에 의한 주문에는 국내외 어디든지 배송 서비스를 해줘, 먼 곳에 있는 고객을 배려하고 있다. 또 국내에서 구하기 힘든 명반이나 희귀음반 등을 최선을 다해 소개해주고 있고, 음악과 관련된 세미나나 오페라 강좌, 사인회 등을 개최하는 문화교류의 터전으로 자리 잡은 곳이다. 그래서인지 그곳에는 언제나 음악이 살아 있다.

처음 이곳을 방문했을 때 아이는, 단지 커다란 테이블 위에 놓여 있는 막대사탕에 흥분했다. 친절한 이모들이 건네는 화수분 같은 사탕 단지에 마음을 빼앗겼던 것이다. 물론 아직도 풍월당 방문을 반색하는 이유의 팔할은 사탕 때문이겠지만 그래도 제법 점잖게 앉아 음악을 듣는 아이를 보면 흐뭇해지곤 한다. 아무리 아이라도 집에서 듣는 음악보다 질 좋은 소

리에 감동을 느끼지 않을 수는 없을 것이다.

어느 때는 일부러 찾아간 발걸음이 아니라도 약속까지 시간이 남았을 때 무심히 들어가 잠시 음악을 듣고 나오기도 한다. 사랑방 같은 그곳에서 숨 쉬듯 자연스럽게 음악과 함께하다보면 남루한 일상이 때를 벗은 듯 상쾌해진다. 그러나 그날 우리는 일부러 풍월당을 찾았다. 야외에서 하는 무료 음악회에 갈 계획을 세워놓았기 때문이다. 어떤 음악이 연주될지 모르지만 일종의 예행연습이라고 해야 하나. 감도 익힐 겸 겸사겸사 들렀다.

아이는 일단 막대사탕을 입에 물고 꽁무니를 쫓는다. 교향곡을 들어볼까, 차분하게 피아노곡을 들어볼까. 이번엔 바흐, 모차르트, 베토벤, 슈베르트, 쇼팽 사이에서 고민하는 사이 옆에서 종알종알 뭐 하냐, 그건 뭐냐 질문이 끊이지 않는다. 아무리 설명해도 못 알아들으면서, 엄마가 아이의 질문에 같은 답을 하는 게 재미있는지 했던 말을 하고 또 한다. 다른 엄마들은 끝까지 친절하게 대답해주던데, 성질 급한 엄마는 결국 "그만 좀 물어!"라고 꽥 소리치고 만다. 아이는 금방 시무룩해진다. 미안해진 나는 아이 손을 잡고 창가 쪽 폭신한 소파에 가 앉는다. 눈을 맞추고 다시 한번 차근차근 이야기해준다. 처음부터 돌아봐줄걸. 늘 후회투성이다. 나에게 그랬듯이 음악이 아이의 상처를 보듬어줄까? 아이는 고맙게도 언제 그랬냐는 듯 베토벤과 바흐 사이에서 숨바꼭질을 하고 있다. 아이가 있는 곳으로 가 바흐의 피아노 연주 음반을 집어든다. 야외 음악회 레퍼토리로 나오진 않을 것 같지만, 좀더 차분한 엄마가 되길 희망하면서.

150

음 악 이
흐 르 는 곳

풍월당 음악 여행을 마치고 우리는 서울숲으로 향한다. 사실 대중교통을 이용해 둘이 움직이기는 어려운 곳이지만, 아이에게 음악회를 보여주고 싶은 마음에 나들이를 결심했다. 풍월당이 있는 압구정동에서 성수대교 너머에 있는 서울숲까지 그리 멀지 않은 거리다. 풍월당에 들르려고 조금 일찍 움직여 지친 아이가 걱정돼 택시를 탄다. 세상에서 가장 아까운 게 택시비라지만, 공짜 음악회를 즐기는 대가라고 생각하기로 한다. 채 10분도 안 돼 서울숲에 도착한다.

갈 때마다 느끼는 것이지만 서울에 어떻게 이런 곳이 있을까 경이롭다. 아기자기하게 꾸며진 연못, 분수, 잔디광장, 조각공원, 야외무대까지. 마치 〈반지의 제왕〉 속 호비트 마을에 초대된 것 같다. 동화 속 한 장면처럼 우리는 완만한 경사의 잔디객석에 자리를 잡는다. 무대는 준비가 한창이다. 어떤 음악이 흐를지 기대가 된다. 리허설 중인 오케스트라를 보며 소울이는 드디어 바이올린과 첼로를 구분할 수 있게 됐다. 비슷하게 생긴 현악기는 모두 바이올린이라더니, 이제 팔을 들어 연주하는 악기와, 팔을 내리고 연주하는 악기라는 차이점을 발견한 것이다. 실제로 보니 그 크기도 달랐겠지. 리허설이 끝나고 텅 빈 무대 앞을 아이들이 지난다.

언니 오빠들은 롤러블레이드나 트라이더 같은 탈것으로 움직인다. 소울이는 양옆에 세워진 가로등을 보더니 갑자기 '꼭꼭 숨어라'를 하자고 한다. 헉 소리가 난다. 뒤로 난 아담한 잔디동산에 앉아 있는, 나뭇잎처럼 많은 사람들 앞에서 술래잡기를 하라고? '벌떡' 일어나라는 아이와 '털썩' 앉아 있겠다는 엄마, 가벼운 승강이가 오간다. 결국 아이는 스스로 술

래가 되겠다며 떠난다. 뒤뚱거리며 뛰어가더니 가로등 기둥 앞에서 손으로 눈을 가린다. "꼭꼭 숨어라!" 온 세상 사람에게 말하듯 소리치고, 뒤를 돌아 멀쩡히 잘 보이는 엄마를 어렵게 찾았다는 듯 뛰어온다. 의미 없는 오가기를 반복하던 아이는 공연이 시작되자 제자리를 찾는다. 풀밭 위의 음악회라 그런지 기분이 남다르다. 자연과 음악과 사람이 하나된 풍경은 아름답다는 표현 그 이상이다. 불어오는 바람에 살랑살랑 몸을 흔들던 아이는 마지막 곡을 남겨두고 잠이 들었다. 잠든 아이를 꼭 안고, 따스한 체온을 느끼며 다시 한번 생각한다. 음악이 없었다면, 나는 행복했을까? 🌼

♪ 닥터만 금요음악회

아이의 개월수와 관계 없이 관람을 허락하는 음악회가 있다. 바로 국내 유일의 커피 박물관인 '왈츠&닥터만' 에서 운영하는 금요음악회이다. 이미 커피의 역사와 문화를 제대로 알려주는 박물관으로, 또 국내에서 쉽게 맛볼 수 없는 커피의 맛을 전하는 레스토랑으로 유명한 이곳은 금요일마다 박물관 내에서 음악회를 열고 있다. 음악회를 주최하고 있는 박물관장은 아주 어린 아이들도 음악을 충분히 느낄 수 있기 때문에 굳이 연령 제한을 두지 않는다고 한다. 단지 다른 사람들을 배려하는 차원에서 앞좌석보다는 뒷좌석에 앉기를 권하며, 혹시 아이가 견디지 못할 경우를 대비해 객석 뒤편 공간을 마련해놓는다. 관람비용은 1인당 2만 원인데, 이 금액은 음악회뿐 아니라 연주회장에 준비된 커피와 다과, 그리고 연주회 뒤에 박물관 야외에서 펼쳐지는 와인 파티까지 포함된 가격이다. 아쉬운 것은 위치다. 남양주종합촬영소 맞은편으로 서울에서 조금 떨어진 곳이라 엄마와 아이 둘만의 나들이로는 조금 어려운 점이 있다. 하지만 금요일 밤, 오랜만에 온 가족이 야외 나들이를 해보면 의미 있는 하루가 될 것이다.

◉ **왈츠&닥터만 박물관** (문의: 031-576-0020)
　관람시간: 10:30~18:00 / 매주 월요일, 설날 및 추석 당일 휴관
　관람료: 성인 5,000원 / 소인 3,000원

풍월당은요~

풍월당은 이미 클래식 애호가들 사이에서 유명한 곳이죠. 찾아가는 길은 어렵지 않습니다. 압구정 씨네시티 극장 뒤편에 있어요. 지하철 7호선을 이용해 강남구청에 내려 4번 출구로 나와 압구정 방향으로 걸어 내려오거나, 신사역에서 1번 출구로 나와 갤러리아 백화점 방향으로 가는 버스를 타면 됩니다. 옛날 키네마극장이었던, 고릴라가 매달려 있는 건물 앞 정류장에서 내리면 돼요. 길 건너서 한양타운을 끼고 로데오 골목으로 쭉 들어가면 왼편 모퉁이 4층에 풍월당이라는 간판이 보여요. 음반을 사시는 분들은 발레 파킹이 가능하니까 주차 걱정 없이 차를 가져갈 수 있어요. 풍월당은 음반만 판매하는 것이 아니라, 특강, 감상회, 연주회, 아카데미 등 음악과 관련된 다양한 행사를 함께 주최합니다. 미리 일정을 확인하고 찾는 것도 좋겠어요. 또 직원분들이 워낙 친절하게 음반에 대해 이것저것 설명해주어 그것도 참 좋아요. 시간이 된다면 얼마 전 문을 연 카페 '로젠카발리'에도 들러보세요. 커피 맛이 일품이에요.

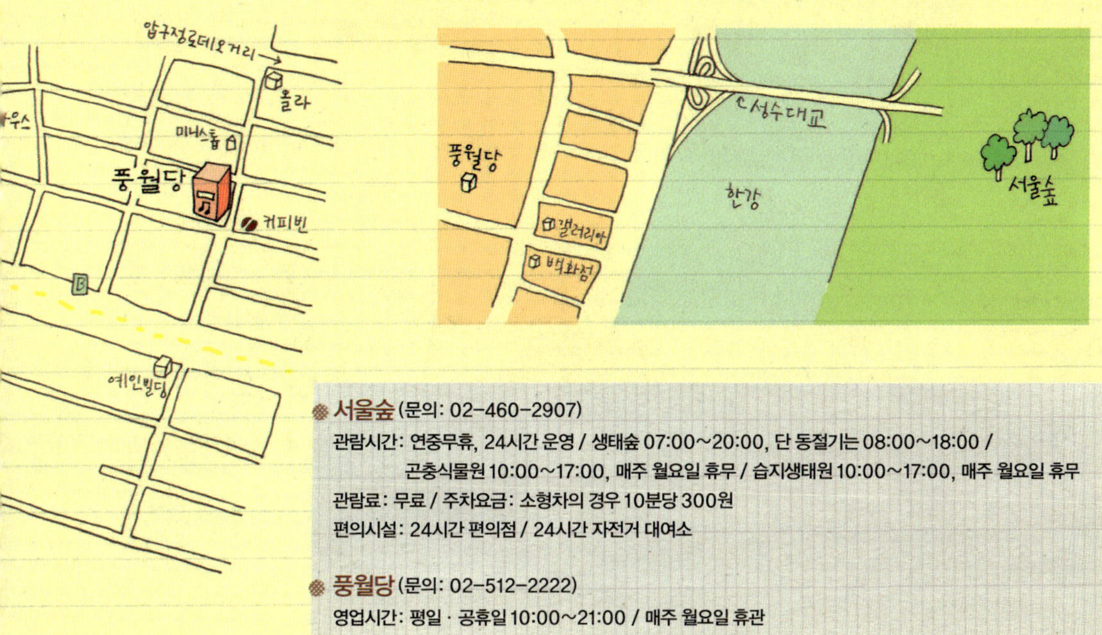

참, 서울숲 야외 음악회는 세종문화회관에서 주최하는 '서울숲 별밤축제' 프로그램이랍니다. 서울시민을 위해 무료로 제공되는 음악회고요, 세종문화회관이 엄선한 특별공연이 매주 토요일 열립니다. 4~6월은 '봄숲 가족음악회'로 5시부터 시작되고요, 7~8월에는 '여름밤 열정음악회'로 밤 8시에 시작해요. 9~10월에는 주로 재즈와 시, 포크송을 들려주는 '가을밤 낭만음악회'가 5시부터 시작하니까 좋아하는 공연이 있다면 시간 맞춰 가보세요. 매년 같은 취지로 열리고 있으니, 자세한 정보는 세종문화회관 홈페이지에 확인하면 됩니다. 1년 치 공연 일정이 나와 있으니까 계획 세우기도 좋아요.

참 야외 음악회에 가실 때는 아무리 더워도 쌀쌀한 밤공기를 대비해서 겉옷이나 작은 담요를 준비하세요. 또 풀벌레나 모기에 노출되어 있으니까, 스프레이처럼 뿌리는 모기약이나 향으로 모기를 쫓는 팔찌 같은 것들을 챙겨주세요. 좋은 음악 들으러 갔다가 괜히 아이만 힘들어지면 안 되잖아요.

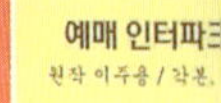
제3회 더 뮤지컬 어워즈
소극장창작뮤지컬상 수상
전화문의하세요!!
공연문의 02-747-2090 / 2070
예매 인터파크
HAECHI Hall opening Festival 명동 해치홀
기획/제작 월간객석 Audienc&Li 크레디아 CREDIA
공연문의 3673-2054 예매처 인터파크 1544-1555 클럽발코니 1577-5266
N RUN
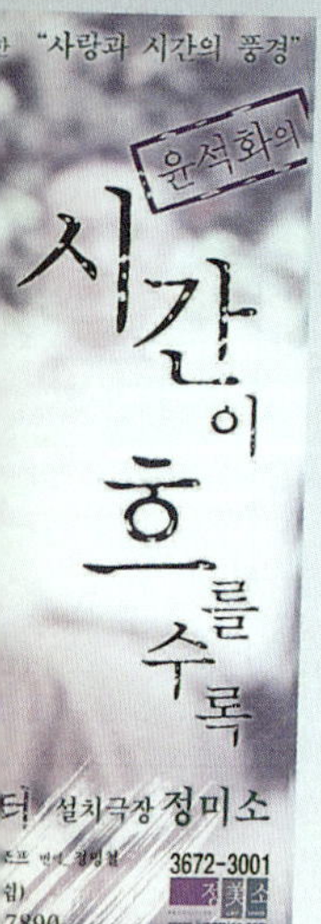
"사랑과 시간의 풍경"
윤석화의
시간이
흐를
수
록
더 설치극장 정미소
3672-3001
7890

학전 어린이무대 6
진구는 게임 중
여섯 살 이상 모든 이들을 위한 무대
2009. 5.15(금) - 6.14(일)
수 - 금 4시 / 토 2시 30분, 5시 / 일 3시
학전블루 소극장
원작 Thomas Ahrens's 《Fummel-Billy》
번안·연출 김민기 제작
학전 02.763.8233 www.hakchon.co.kr

창작뮤지컬
이순신
2009. 4.17(금)-5.3(일)
충무아트홀 대극장
충무아트홀 www.cmah.or.kr 02.2230.6624 인터파크 www.interpark.com www.lee-sunshin.com 02.763.1268

학전 어린이무대 5
빠삐에 친구
잃어버린 글씨
빠삐에 친구 를 뮤지컬로 만나세요!
02-763-8233 .co.kr

삼도봉美스토리
경상도, 전라도, 충청도가 만나 거점
초특급 웃음을 선사할 2009년 최대 기대작!
'대가리', '대그빡', '대갈빡기' 만 없는 토막난 시체!
무직선고를 향한 코믹 진술 스따~뜨!
2009. 2.10. OPEN 동숭아트센터 소극장
작 김신후 각색/연출 고선웅 출연 서현철, 손종학, 조대태, 김왕근, 전배수, 김태구, 박명훈, 권태건, 박윤정
예매 인터파크 1544-1555 문의 02)766-6007

관객수업

대학로

극장을 나와 우리는 볕이 좋은 혜화동을 거닌다.

신랑과 연애하던 시절 밤새 영화를 보던 작은 극장 앞을 아이와 지난다.

자유롭게 즐기던 시절 하루가 멀다 하고 공연을 보러 들락거리던 극장들을 지나고,

거리의 악사들이 들려주는 음악을 지난다.

해를 끌고 골목골목을 지나던 우리는 마로니에공원에 도착한다.

공원에 단 하나뿐인 놀이기구, 미끄럼틀은 벌써 만원이다.

다른 친구들이 많아서인지, 단순히 미끄럼틀이 반가웠는지

제법 긴 시간 자리를 떠나지 않는다.

산 아래, 빼곡히 들어선 아파트와 삐죽삐죽 볼품없는 건물 사이를 시냇물이 아닌 지하철이 지난다. 그저 그런 도시의 풍경 속에 내가 있다. 잠든 아이의 얼굴을 쓸어내리며 생각한다. 이 아이는 어떻게 자라, 어떤 모습의 풍경이 될까? 부모라는 이유로 대신 꿈꿀 자격이 주어진다면, 나는 아이가 매너 있는 인생의 관객이 되었으면 좋겠다.

누구나 그러하듯 나도 한때는 세상의 중심이 되고 싶었다. 고등학교 3학년, 장래희망에 '영화배우'라고 쓸 정도의 자신감도 있었다. 물론 쉬는 시간 교무실에 불려가, 담임선생님으로부터 커다란 거울을 전해받고 "잘 봐라, 네 긴 얼굴을. 물고구마! 너는 공부를 열심히 해야 할 운명이야! 펜을 놓지 마!"라는 직언을 듣긴 했지만 말이다. 어쨌거나 서른 고개에 발을 딛기 전에는 줄기차게 나만을 위한 무대가 펼쳐질 것이라고 믿었다. 어떤 형태로든 무대 위의 조명은 꺼지지 않고 나를 기다리고 있을 것 같았다. 하지만 선배들에게 이끌려 간 여의도광장 쌀수입 반대시위 때 노래 한 곡 뽑은 트럭 위가 내 생의 가장 큰 무대였다.

아, 방송 출연도 한 번 있었다. 임신한 몸으로 쇼핑을 하겠다고 명동 바닥을 휘젓고 있는데, 갑자기 모 공중파 뉴스 기자가 마이크를 들이댔다. "여성의 사회 진출과 육아에 대해 한마디 부탁드려요"라는 말에 "아니, 응! 애만 낳으라면 답니까? 이거 뭐 애 낳고 어떻게 해야 할지 앞이 깜깜해요. 출산 지원은 소수에게만 돌아가고 말이죠, 환경을 만들어주고 출산

장려를 해야 할 거 아녜요!"라고 흥분하며 언성을 높여 일행이 창피해 먼저 가버린 일이 있었다. 그나마 그대로 방송을 탔을, 다 지워진 눈썹에 기미 앉은 얼굴이 두려워 뉴스를 챙겨보지도 않았다. 그런데 주위에 아침 뉴스를 보는 인간은 왜 그리 많은지. 여기저기서 하루 종일 혹시 방송 탔냐는 문자가 쇄도해, 비슷하게 생긴 동명이인일 거라며 잡아떼느라 진을 뺐다.

그래, 돌이켜보니 한 번도 꿈꾸던 무대의 주인공인 적이 없었다. 대학도 직장도 원하는 대로 단번에 이루어지지 않았다. 그러나, 늘 행복했다. 그게 진리였다. 화려한 조명 커다란 무대 위가 아니라도 행복한 것이 인생이었다. 비록 객석에 앉아 바라보기만 하는 운명이었을지라도, 그 안에서 충분히 빛나고 아름다운 시간들이었던 것이다. 퍽 다행스럽게 서른의 고갯마루에서 그 사실을 깨달았다.

하여 나는 내 아이가 눈에 보이지 않는 무언가를 찾아 힘겨워하지 않았으면 좋겠다. 무대는 자기 자신 안에 있고, 삶 속에 존재한다는 것을 빨리 알아버렸으면 좋겠다. 그래서 덜 좌절하고 덜 책망하고 덜 포기하는 삶을 살았으면 좋겠다. 매너 좋은 관객처럼, 저 너머 벌어지는 일을 느긋하게 즐길 수 있는 여유를 가졌으면 좋겠다. 누구에게나 아낌없이 박수를 보내고 눈부시게 웃을 수 있는 사람이기를 바라고 또 바란다. 그 첫걸음으로 진짜 객석에 가볼 생각이다. 짧은 시간이지만 우리는 열심히 박수를 치고 환호할 것이다. 행복한 인생을 위한 예행연습을 오늘 해볼 것이다.

오랜만에 문화포털 사이트에 접속했다. 아이 낳기 전 이런저런 공연을 찾아보느라 자주 들어갔던 곳이었다. 화려한 공연 포스터들이 파노라마처럼 지나갔다. 언뜻 지나는 포스터에는 좋아했던 공연도 있고, 꼭 보고 싶은 공연도 있다. 유혹을 참고 스크롤바를 내려보니, 어린이 공연만 모아놓은 섹션이 보였다. 클릭을 하고 들어가 찬찬히 살펴보니, 생각보다 많은 공연들이 올라와 있었다. 대부분의 공연들이 6, 7세 정도로 나이 제한을 두는 것에 반해, 유아용 공연은 24개월 이상이면 관람이 가능했다. 내용도 다양해서 미술, 음악부터 스토리 꽉 찬 연극까지 선택의 폭이 꽤 넓었다.

나는 고민 끝에 〈미술관에 간 윌리〉의 포스터를 클릭했다. 해설을 보니 최고의 동화작가로 사랑받는 앤서니 브라운의 『미술관에 간 윌리』를 네 명의 선생님이 출연해 쉽고 재미있게 알려주는 공연이라고 했다. 진작부터 상상력을 무한대로 끌어올리는 앤서니 브라운의 동화에 높은 점수를 주었기에 고민 없이 결정, 예매를 마쳤다. 그러나 '과연, 쭉 집중해줄 수 있을까?' 공연을 보러 가기 전에 작은 고민을 했다. 6개월 전 작은 음악회에 함께 다녀왔는데 한 시간여의 공연 막바지에 아이가 좀 힘들어하던 것이 떠올랐기 때문이다. 하지만 지난 6개월 동안 부쩍 성숙해진 아이를 생각했다. 잘할 수 있을 거라 믿고 기다리다보니, 어느새 공연날 아침이다.

공연날 아침은 늘 달랐다. 공기도 햇살도 바람냄새까지도. 알람이 울리기 전에 눈이 떠졌고, 출근길 내내 지하철에서 서서 가도 다리 아픈 줄 몰

흥 씨 어 터
Ticket Office
매표소
매 표
행복한 미술관에 간 월리
미술관에 간 월리

랐다. 퇴근해 공연장에 달려가기까지 얼마나 심장이 뛰었는지. 그러고 나서 드디어 막이 오르면 세 시간여 동안 나는 다른 세상에 가 있었다. 황홀하고 또 황홀한 음악과 이야기가 눈과 귀를 사로잡았다. 무대의 주인공도 아니면서 나의 하루는 그렇게 화려했다. 하지만 오늘의 공연은 아이를 위해 보는 공연이라 그런지 흥분이 덜하다. 공연 시간은 12시 30분. 깨끗하게 씻긴 아이에게 어떤 옷을 입힐까 생각한다. 공연 보러 가는 날이면 예쁘게 단장하던 예전 버릇이 나오는 것이다. 고민 끝에 편한 옷을 선택한다. 예쁘면 좀 불편한 법이고, 한 시간 남짓 집중하기도 힘든 아이에게 불편한 옷은 좋지 않을 것 같았다. 혹시 몰라 간단히 과일을 통에 담고, 어린이용 주스를 챙긴다. 갑자기 집중해제가 되면 약으로 쓰기 위한 것이다. 준비를 마치고 지하철역으로 향한다.

혜화역은 오가는 사람이 많아서 그런지 에스컬레이터, 엘리베이터 모두 잘되어 있다. 밖으로 나오니 짙푸른 나무가 잎을 흔들며 반긴다. 대학로는 언제나 생동감이 넘친다. 곳곳이 무대이고, 지나는 사람 모두가 관객이다. 우리는 에스컬레이터를 이용해 1번 출구로 나왔는데, 극장이 바로 앞이다. 조그맣게 자리한 간이 매표소로 가 이름을 말하고 예매한 티켓을 받는다. 공연장소인 창조아트홀은 건물 6층, 밖이 훤히 보이는 엘리베이터를 타고 맨 꼭대기로 올라간다. 객석을 찾아 들어가니 벌써 많은 사람들이 와 있다. 소울이 또래도 보이지만 대부분 유치원에 다니는 언니 오빠들이다.

우리는 표시된 좌석을 찾아 앉는다. 낯선 환경에 놀란 것도 잠시, 아이는 무대 위 소품을 보며 기대에 찬 눈빛이다. 조명이 꺼지고, 잠시 침묵이 흐른다. 다시 무대 위 조명이 들어오고, 선생님이 등장한다. 신기한 악기를 소개하고, 만져볼 기회를 주기도 한다. 평소 수줍음 많고 낯가림이 심한 아이가 손을 번쩍 들고 무대로 나간다. 내심 많이 놀랐지만 드러내지 않고, 용기 내어 호기심을 충족한 아이에게 박수를 보낸다. 다시 자리로 돌아온 아이는 눈을 동그랗게 뜨고 공연에 집중한다. 악기 소개가 끝나고 선생님은 『미술관에 간 윌리』라고 씌어 있는 커다란 책을 넘기며 읽어준다. 이해하기 쉽도록 적당한 노래와 율동을 섞고, 가끔은 아이들의 호응을 유도한다.

꼬박 한 시간, 아이는 제자리에 앉아 흥미진진하게 공연을 본다. 표를 예매하고 걱정했던 것이 기우였음을, 초롱초롱한 아이의 눈을 통해 깨닫는다. 어쩌면 아이들은 어른이 생각하는 것보다 더 많은 능력을 가지고 있을지도 모른다. 아이들에게 그 이상의 것을 원하며 강요해도 좋지 않지만, 너무 과소평가하는 것도 바람직하지 않은 것 같다. 만약 '30개월짜리가 뭘 알겠어, 분명 중간에 견디지 못하고 나와버릴 거야'라고 지레짐작하고 공연을 보지 않았다면 감성을 키울 수 있는 좋은 기회를 놓치는 것일 수도 있으니까. 공연이 끝나고, 아이는 아낌없는 박수를 보낸다. 상기된 얼굴로 객석을 내려와 무대 밖에서 기다리고 있는 선생님에게 배꼽인사를 하고 꼭 안아주기까지 하는 아이. 공연해준 선생님 말씀대로, 아이는 오늘의 그림과, 오늘의 음악을 기억하지 못할지도 모른다. 아니 못할 것이다. 하지만 환한 조명 아래 펼쳐지던 재미있는 이야기, 객석에서 기

예술은
삶을
예술보다
더 향기롭게
하는 것

로봇박물관
쇳대박물관
LOCK MUSEUM
드라큘라
좋은공연안내소
티켓링크
(사)한국소극장협오
영웅을 기다리며
짬뽕
사카테 요지 페스티벌
ROOM No. 13

쁘게 보고 듣고 느낀 모든 것을 가슴속 깊이 간직하겠지. 공연이 끝난 후 꼭 끌어안던 주인공 선생님의 따뜻한 손길까지, 모두 다.

극장을 나와 우리는 볕이 좋은 혜화동을 거닌다. 신랑과 연애하던 시절 밤새 영화를 보던 작은 극장 앞을 아이와 지난다. 자유롭게 즐기던 시절 하루가 멀다 하고 공연을 보러 들락거리던 극장들을 지나고, 거리의 악사들이 들려주는 음악을 지난다. 해를 끌고 골목골목을 지나던 우리는 마로니에 공원에 도착한다. 공원에 단 하나뿐인 놀이기구, 미끄럼틀은 벌써 만원이다. 다른 친구들이 많아서인지, 단순히 미끄럼틀이 반가웠는지 제법 긴 시간 자리를 떠나지 않는다.

그러다 저만치 스피커에서 음악이 나오자 선선히 손을 잡고 따라나선다. 객석보다 무대가 더 넓은 마로니에 공원의 무대에서는 어린 친구들이 음악을 틀어놓고 춤을 추고 있다. 동그란 돌의자 위에 서서 우리는 같이 몸을 흔들며 즐거워한다. 표정 없는 어른들 틈에서 아이는 이미 훌륭한 관객이다. 공짜 공연까지 배부르게 감성충전을 하고 돌아오는 길, 아이는 공연장에서 선물로 받은 책을 손에 들고 잠이 들었다. 멋진 공연이 펼쳐지는 꿈을 꾸는 것일까, 집으로 돌아오는 내내 새근새근 잠을 자는 아이가 사랑스럽다. 🌷

서울 열린극장 창동

특수천으로 지어진 텐트형 이동식 극장인 '서울 열린극장 창동'은 어린이 전용극장은 아니지만 사철 다양한 프로그램으로 엄마와 아이들의 발길을 잡아끈다. 가족뮤지컬에서 음악, 발레 공연까지 여러 장르의 공연을 포괄적으로 볼 수 있고 엄마들만을 위한 공연도 자주 무대에 오른다. 아이 때문에 걱정스러운 엄마들을 위해 36개월 이상 아이들부터 이용할 수 있는 놀이방이 준비되어 있으니 걱정 말고 찾아보자. 또 한 가지, 공연에 따라 입장 가능 연령이 다르니 사전에 확인해야 한다.

◉ **서울 열린극장 창동** (문의: 02-994-1465/ www.sotc.or.kr)
관람시간: 평일 오후 2시, 4시 / 토요일 · 공휴일 11시, 2시, 4시 / 매주 월요일 휴관
관람료: R석 3만 원, S석 2만5,000원
편의시설: 놀이방(15명) / 주차장(관람객 무료)

라트어린이극장

아이가 만 4세 이상이고 영어에 관심이 많은 엄마들이라면 '라트어린이극장'을 찾아볼 것을 권한다. 2002년 개관한 국내 유일의 어린이 영어연극 전문극장으로, 유니북스 '튼튼영어'에서 운영하는 곳이다. 영어연극이라고 영어에 집중하는 것이 아니라, 오히려 연극에 방점을 찍고 작품성을 최우선으로 생각하는 것이 이 극장의 특징이다. 또 모든 작품의 기획·대본·연출까지 직접 진행하기 때문에 흔하게 보는 공연이 아닌 알찬 내용의 제대로 된 공연을 볼 수 있다. 공연은 한국어 대사가 30퍼센트 정도 포함된 'Step 1'과 전 공연이 영어로 진행되는 'Step 2'로 나뉜다. 아이들 눈높이에 따라 맞는 공연을 선택할 수 있다는 것도 이 극장의 장점이다. 늘 보는 영어비디오가 아닌, 직접 살아 움직이는 공연은 아이들의 기억에 더욱 오래 남을 것이다.

◉ **라트어린이극장** (문의: 02-5600-999/ www.lattct.com)
관람시간: 1년 2회(5~6월, 11~12월) 금, 토, 일 공연
관람료: 어른 3만 원 / 아이 3만 원

◉ **암사어린이극장** (문의: 02-481-8808/ www.wooripp.co.kr)
관람시간: 평일 11시, 2시 / 토요일 · 공휴일 1시, 3시 / 매주 월요일 휴관
관람료: 일반 1만1,000원(회원 7,000원)

암사어린이극장

암사동에 위치한 어린이극 전용극장인 이곳은 단순한 극장이 아닌 가족 모두 즐길 수 있는 휴식의 장으로 사랑받고 있다. 간단한 놀이기구 등이 있는 1층 휴식공간이 아이와 함께하기에 더없이 좋고 2, 3층의 무대 공간은 어린이들을 위해 설계돼 아이들이 공연을 보는 데 편리하게 되어 있다. 아이들 눈높이에 맞는 다양한 공연이 특징이며, 연회비 8,000원을 내면 1년 동안 공연 안내를 받아볼 수 있고, 각종 할인 혜택을 받을 수 있다. 부모동반시 24개월 미만의 아이들도 입장이 가능하니, 일찌감치 공연문화를 즐기고 싶은 엄마들이라면 이용해볼 만하다.

Point Space

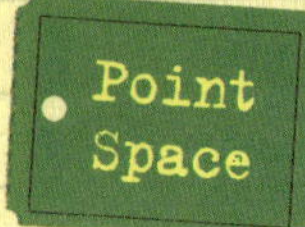

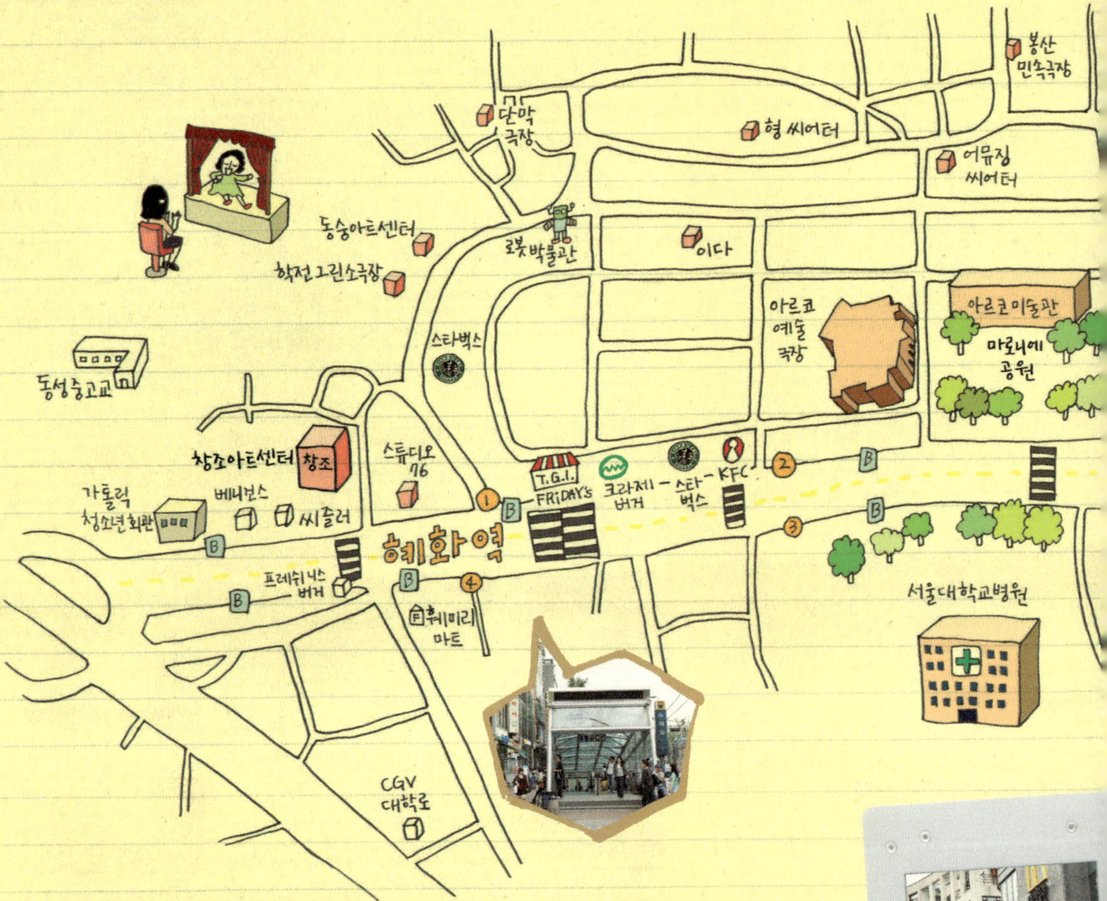

창조아트센터(문의: 02-747-7001)

공연시간: 평일 오후 2시 / 토요일 · 공휴일 12시 30분, 2시 / 매주 월요일 휴관

관람료: 2만 원(공연에 따라 차이가 있을 수 있습니다.) / 할인가 1만 원

※ 24개월 미만은 관람불가

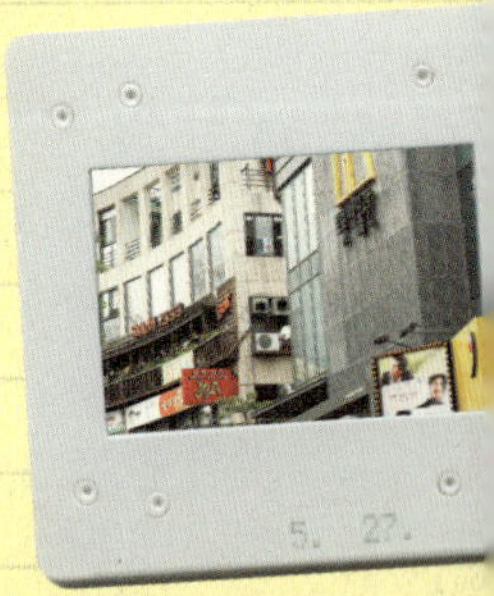

대학로 공연 관람은요~

아이와 공연을 보시려면 예매를 하는 게 좋아요. 현장에서 구매할 수도 있지만 아무래도 우왕좌왕하게 되고, 시간 맞추기도 어렵고 무엇보다 예매하면 할인을 받을 수 있어요. 요즘은 카드 할인 등의 공연 할인이 많아서 부담스럽지 않은 가격에 공연을 보실 수 있답니다. 저는 혹시나 하는 마음에 간식거리를 챙겼는데 극장 안에서 음식물 섭취는 안 되더군요. 아무래도 다른 아이들에게 폐가 될 수 있어 그런 것 같아요. 그러니 배고프지 않게 미리 좀 챙겨주세요. 우리도 배고프면 집중 안 되고 짜증나고 하니까요. 들어가기 전에 요기를 좀 하고, 목도 축이고 들어가면 한 시간이 그렇게 힘들지 않을 거예요.

그래도 아이와 공연을 보는 게 아직은 겁난다는 엄마들이 있다면 다음 사항을 참고하세요. 우선 출입구와 가까운 자리에 앉도록 하세요. 갑자기 떼를 쓰며 울거나 화장실에 가겠다는 등의 돌발상황에 쉽게 대처할 수 있어요. 또 장난감 중에 소리 나는 물건은 애초에 가져가지 않는 게 좋고요. 무엇보다 공연 전에 아이와 충분히 대화하는 게 중요해요. 어떤 공연인지, 내용은 무엇인지, 어떤 행동을 해야 하는지 미리 얘기 나누면 아이가 공연문화를 이해하는 데 많은 도움이 되겠죠. 그리고 대학로로 공연을 보러 간다면 대중교통을 이용하는 게 좋아요. 알다시피 주차하기 힘든 곳으로 꼽히잖아요. 유료 주차장들이 여기저기 있지만 가격이 비싸서, 마음먹고 나온 나들인데 서둘러 공연만 보고 집에 가게 되니까요. 걷는 즐거움이 있는 곳이 대학로니까 처음부터 대중교통을 이용하는 게 현명한 것 같아요.

골목을 걸으며 맛있는 것도 먹고, 벽화나 공연 포스터 구경하는 재미도 쏠쏠하지만 아이들이 가장 좋아하는 곳은 마로니에 공원입니다. 입구에 미끄럼틀이 하나 있는데 인기가 굉장해요. 분명 동네 놀이터에서도 보는 것일 텐데, 분위기 때문인지 아이들이 떠나려 하질 않는답니다. 미끄럼틀을 타고 난 후 공원 중앙으로 가다보면 수돗가가 보입니다. 네, 맞아요. 학창시절 친구들과 물놀이하던 그 수돗가요. 수도꼭지를 틀고 엄마랑 아이랑 손도 한번 씻어보고, 날이 더울 땐 세수를 시켜도 좋지요.

LONDON
GENEVA PARIS
VENCE
MONACO
DUBAI

그림 보러 갈래요

덕수궁 미술관과 오페라 갤러리 서울

나는 아직도 어떤 것이 올바른 그림 감상인지 잘 모른다.

그림의 기역자도 모른다고 해야 맞다.

제대로 보려면 도슨트의 도움을 받거나,

시간을 내 공부를 해야 대충 이해하는 정도다.

그런데 오페라 갤러리에서는

마치 내가 모든 그림과 친구가 된 것 같다.

가까이하기 어려운 존재가 아니라

어깨동무하고 함께 웃는 사이 같다.

참 신기하다. 아무리 많이 모여 있어도 누가 누구와 연결된 사람들인지 금방 알게 된다. 아이 엄마들은 다 공감할 것이다. 문화센터나 체험놀이교실 같은 곳에 가면 저 아이의 엄마가 저 사람이구나 하고 단박에 알아볼 만큼 엄마와 아이는 닮은꼴이다.

생김새뿐 아니라 행동도 비슷하다. 문화센터 미술놀이교실에 등록해 강의를 듣다가 깜짝 놀란 적이 있다. 밀가루풀에 물감을 섞어 손으로 주무르고 만지면서 오감을 자극하는 수업을 하는 중이었다. 다른 아이들은 모두 신나하며 거리낌 없이 손과 발로 밀가루풀을 가지고 놀았다. 당연히 우리 아이도 그럴 것이라고 생각했는데, 손에 닿자마자 닦으라고 난리를 쳤다. 선생님이 참여시키기 위해 갖은 방법을 다 썼지만 아이는 손바닥을 편 채 움직이지 않았다. 죄송하기도 하고 민망하기도 해서 얼른 손을 씻기고 수업이 끝날 때까지 남들 노는 모습만 지켜봐야 했다.

그때만 해도 아이가 별나다고 생각했다. 남들 다 하는 것들을 거부한 것이 처음이 아니었기 때문이다. 두 돌 무렵, 놀이수업 시간에 할로윈 파티를 했다. 그때 꼬마 유령 모자와 망토를 입지 않은 유일한 아이가 소울이였다. 나머지 아이들이 모두 즐겁게 유령 놀이를 즐기는 동안 소울이만 인중을 씰룩이며 훌쩍거린 사진이 증거로 남았다. 당시에는 그저 좀 예민해서 그러려니 했는데, 이번에는 걱정이 됐다. 적응력이 떨어지는 것 같기도 하고 결벽증이 있는 건 아닐까 의심도 됐다.

그런데 며칠 지나지 않아 원인을 찾을 수 있었다. 아이의 그런 모습은 다름 아닌 나의 자화상이었다. 저녁 반찬으로 콩나물무침을 하는 중이었는데 마침 비닐장갑이 똑 떨어졌다. 고민 끝에 맨손으로 콩나물을 무치려는데 손에 무언가 닿는 느낌이 좋지 않았다. 참지 못하고 얼른 젓가락으로 대충 양념을 섞었다. 곰곰이 생각하니 한 번도 맨손으로 요리를 한 적이 없었다. 손에 닿는 이물감이 싫었기 때문이다. 그러고 보니 물컹거리는 게 싫어 강아지나 고양이를 보기만 해도 기겁을 하는 게 나였다. 어려서 별나다는 소리를 들으면서 자랐던 것을 까마득히 잊고 있었다.

유년의 언젠가 엄마가 강아지를 키우겠다고 데려왔을 때, 수두를 앓을 때도 놓지 않던 곡기를 끊었다. 그때 엄마는 혀를 차며, 인정머리 없는 계집애라고 싫은 소리를 했다. 이제 나이 좀 먹었다고 싫은 것을 안 하고 살다보니 내가 어떤 사람인지 완전히 잊고 있었다. 거울처럼 나를 닮은 아이에게, 도대체 왜 그러냐며 가슴을 치고 있었으니 아이는 얼마나 답답했을까? 일부러 그런 것도 아닌데 싫은 걸 인정해주지 않는 엄마가 야속했을지도 모를 일이다. 하늘에서 뚝 떨어지지 않은 이상 아이는 좋든 싫든 부모의 모습을 닮게 되어 있다.

그렇다면 이제 내가 해야 할 일은 나와 아이의 진짜 모습을 인정하고 극복하는 것이었다. 나는 아이의 스케치북을 펴고 닮지 않았으면 하는 것들을 적어내려갔다. 비만 인자, 막강 뼈대, 가라앉은 콧대 등 인간의 힘으로 어찌할 수 없는 것들은 번외로 놓았다. 남은 것은 노력으로 충분히 개선할 수 있는 것이었다. 특히 중요한 것을 추리자 두세 개로 압축되었다.

그중 이참에 나에게도 기회를 주고 싶은 것이 있었다. 미술에 대한 감각이었다. 학창시절에는 그림을 너무 못 그려 실기는 늘 다른 학교에 다니고 있는 미술반 친구에게 부탁했다. 물론 나는 그 대가로 그 친구의 작문 숙제를 도맡아 해줬지만, 어쨌든 한 번도 제대로 그림을 그린 적이 없었다. 여행길에 쓱쓱 풍경을 스케치하는 재주 많은 친구들을 얼마나 부러워했는지 모른다. 그때 내 아이만큼은 꼭 미술에 대한 감각을 키워줘야겠다고 다짐했다. 예술은 타고나는 게 반이라지만, 일찌감치 안목을 키우는 것도 '미치' 탈출의 한 수단일 것이다. 그래서 우리는 오늘 그림을 보러 가기로 했다. 알든 모르든 자꾸 마주치고 친해지면 미술에 좀더 가까워질 것이라고 믿는다. 언젠가 우리 모녀가 물감 범벅이 된 앞치마를 두르고 열심히 붓질을 하고 있을지도 모른다.

미술관 하면 떠오르는 몇 곳이 있다. 그중 많은 공공미술관들에서 좋은 기획전을 자주 하고 있다. 유럽 여행을 하지 않고도 몇천 원의 차비로 세계 유수의 작품을 만날 수 있는 시대다. 쏟아지는 기획전들을 보면서, 그러니까 클림트나 렘브란트 같은 거장의 그림을 가까이서 볼 수 있게 되면서 마음이 부자가 된 기분이다.

유럽을 여행하며 늘 부러웠던 것이 마음만 먹으면 쉽게 걸작을 감상할 수 있는 환경이었다. 시내 곳곳에 있는 세계적인 미술관도 그러하거니와 크고 작은 미술관들이 도처에 있었다. 그런 사치를 이제 우리도 누릴 수 있게 된 것이다. 끝나기 무섭게 새로 시작되는 기획전들을 보면서 기획자에게 감사를 전하고 싶을 정도다. 그런데 좋은 그림, 넘치는 기획전도 아이가 어리다면 권하고 싶지 않다. 돌 전 아기들이라면 오히려 나을 수 있다. 하지만 막 걷기 시작하고 왕성한 호기심에 비해 통제능력 제로인 36개월 전의 아이들과 큰 기획전에 가는 건 무리다.

물론 얌전히 엄마와 그림을 감상하는 아이들도 있다. 여기서 말하는 것은 어디까지나 대부분의 경우다. 이것은 미리 경험한 아이의 엄마로서 하는 이야기다. 언젠가 덕수궁 미술관에서 〈라틴 미술 거장전〉이라는 기획전을 했다. 유럽 작가들의 그림은 화집이나 여행을 통해 눈에 익은 반면, 라틴 그림은 찾아보지 않으면 만나기 힘들어 기획전을 찾았다. 아이는 18개월 무렵이었다. 기획전이라 입장료도 만만치 않았지만, 지적 재산에 투자한다 생각하기로 했다.

PLAY #02
A R T

덕수궁 안으로 들어가 미술관에 다다를 때까지 조금 설레었다. 가고픈 열망이 있지만 물리적 조건이 맞지 않아 쉽게 떠나지 못하는 라틴아메리카. 거장의 화폭에 담긴 그 모습이 궁금했다. 드디어 기다란 돌계단을 올라 미술관에 도착했다. 문제는 거기서부터 시작됐다. 전시실이 있는 2층까지 다시 한번 계단을 올라야 하는데, 아이가 계단 놀이에 빠진 것이다. 걸음마에 자신이 붙어 뽐내고 싶었는지, 난간을 잡고 계단 오르내리기를 반복했다. 겨우 달래 전시실이 있는 2층에 올라가니, 난간 구멍 사이로 아래층을 내려다보느라 움직이지 않았다. 승강이 끝에 전시실로 들어갔다.

주말 오후인 탓에 사람들이 많이 붐볐다. 제 눈높이에서는 보이지 않는 그림 따위에 관심 없다는 듯 아이는 인파 사이사이에 숨으며 숨바꼭질을 했다. 디에고 리베라의 작품 앞에서는 안 되겠다 싶어 번쩍 안았다. 겨우 그림을 좀 보려는데 아이는 내려달라고 몸부림을 치는 것이다. 엄마에게 안겨 있는 것보다 넓은 갤러리 안을 돌아다니는 게 더 재미있는 모양이었다. 어쩔 수 없이 아이를 내려놓고 우리 부부는 한 사람씩 번갈아 관람을 하기로 했다. 한 사람이 그림 감상을 하는 동안 갤러리 밖에서 아이를 맡기로 한 것이다. 그러나 그 방법도 통하지 않았다.

아이는 이내 엄마가 있는 갤러리 안으로 뛰어들어와서 큰 소리로 엄마를 불렀다. 아빠가 데리고 나가면 또다시 들어오고, 다시 들어오고. 우리는 강렬한 라틴의 색채를 빛처럼 빠른 속도로 잠시 스치는 데 만족해야 했다. 그러고 나서 거금 4만 원을 주고 두툼한 도록을 샀다. 그것이 그 전시회의 그림을 찬찬히 살필 수 있는 유일한 방법이었다. 그 후로 입맛 당기는 좋은 전시가 있을 땐, 신랑에게 부탁하고 혼자 외출하거나 깨끗하게 포기한다. 그래도 어쩌다 그림이 궁금해 보고 싶을 땐, 아이의 손을 잡고 그곳으로 간다.

오페라 갤러리. 그곳은 마치 호두 속 같다. 공공 미술관과 비교하면 작은 갤러리지만 내용만큼은 어느 곳보다 알차다. 처음 오페라 갤러리를 본 곳은 런던이었다. 어느 하루 시간을 내 고급 숍들이 몰려 있다는 거리를 구경하게 됐는데, 그 거리에 오페라 갤러리가 있었다. 그때는 이름만 갤러리일 뿐, 부자들에게 그림을 파는 숍이겠거니 생각했다. 다만 아직까지 런던의 오페라 갤러리가 기억에 남는 것은, 인상적인 영국 신사 때문이다. 모든 것이 그림인 듯 넋을 빼놓고 있는 관광객의 눈길을 사로잡았던 영국 신사. 말끔한 수트에 긴 우산을 손목에 걸친 그는 19세기 그림책 속에서 튀어나온 듯한 진짜 영국 신사였다. 그 신사는 걸음걸이마저 단정했다.

한동안 그를 쫓던 나의 시선은 그의 목적지에서 멈췄는데, 그곳이 바로 오페라 갤러리였다. 그런데 어느 날 서울 한복판에서 '오페라 갤러리'를 발견했다. 버스를 타고 지나다 간판을 발견하고, 나는 버스기사에게 차 좀 세워달라고 할 뻔했다. 런던에서 봤던 모습 그대로, 아니 더 화려해진 서울의 오페라 갤러리가 신기했다. 집에 돌아와 인터넷으로 찾아보니 프랑스 파리에 본사를 두고 있는 이 갤러리는 런던, 베네치아, 뉴욕, 마이애미, 싱가포르, 홍콩에 이어 여덟번째로 우리나라 서울에 개관한 것이었다. 게다가 이곳은 미술품을 사고파는 기능만을 하는 숍이 아니었다. 샤갈, 르누

아르, 피카소, 모네 등 책 속에서 만났던 19~20세기 화가의 명화를 비롯
해 지금 세계 각지에서 주목받고 있는 신진 작가의 작품을 함께 만날 수
있는 최고의 갤러리였다. 넓은 통유리로 보이던 다양한 작품들을 사지 않
아도 마음껏 감상할 수 있었던 것이다. 물론 세계 각국의 지점을 통해 합
리적인 가격으로 작품을 구입할 수도 있지만, 꼭 사지 않아도 된다는 옵션
은 꽤 매력적이었다. 부담을 덜어 가벼워진 마음과 사뿐한 발걸음으로 우
리는 청담사거리에 있는 '오페라 갤러리 서울'을 찾았다.

그 림 보 러
갈 래 요

그 림 보 러
갈 래 요

유난히 긴 볕이 따사로운 날. 청담사거리는 붐비지 않아 쾌적했다. 차도 사람도 모두 어딘가에 숨어서 나를 보는 듯 고요한 오후다. 아이도 이렇게 한가한 곳에서는 발걸음에 자신감이 붙는다. 쉬며 걸으며 했지만 지하철역에서부터 꽤 긴 거리를 오면서도 크게 투정부리지 않는다. 갤러리는 사거리 횡단보도를 건너 50미터쯤 올라가면 보인다. 전체가 볕을 받은 통유리가 반짝거리는 개방형 구조다. 지나는 사람들도 볼 수 있도록 창 바깥으로 배치한 미술 작품들이 고맙다. 나그네에게 버들잎 띄운 시원한 물 한 사발처럼 야박하지 않은 모양새다. 갤러리에 들어가지 않더라도 잠시 서서 두 다리 쉬며 그림을 감상할 수 있다.

마침 오늘은 카플란의 커다란 작품이 걸려 있었는데, 고흐의 작품을 보는 듯 마음이 잔잔해진다. 운이 좋으면 지나는 길에 문득 앤디 워홀, 샤갈을 만날 수도 있다고 생각하니 괜히 기분이 좋다. 커다란 유리문을 밀고 아이와 함께 갤러리로 들어간다. 산뜻한 공기가 흐른다. 정면으로 보이는 데스크에 큐레이터로 보이는 분들이 앉아 있다. 그중 한 분이 우리를 보고 이내 다가온다. "그림 좀 보려는데, 괜찮죠?" "그럼요, 천천히 보세요. 이번 전시는 〈러브미텐더〉랍니다." 큐레이터가 아이에게 건네준 초콜릿만큼 달콤한 제목이다. 조각가 마리 마들렌 고티에와 화가 켈린의 작품이 전시돼 있다. 이 두 여류 미술가들은 여성이란 모티브를 통해 사랑이라는 공통 주제를 조각과 그림으로 보여준다. 마치 우리 모녀를 반기는 듯한 작품들이다. 동떨어진 주제가 아니므로 〈임신 5개월〉〈엄마와 딸〉 등의 조각을 보며 우리는 짧은 대화를 나눌 수 있었다.

기획전 외에도 우리를 사로잡는 것이 있었으니, 현존하는 대표적 팝아티스트인 로메로 브리토의 작품들이다. 생생한 색감과 유쾌한 주제는 아이의 눈을 사로잡기에 충분하다. 아이는 눈을 커다랗게 뜨고 주위를 둘러본다. 브리토의 작품도 그렇거니와, 일률적인 배치의 전시장과 달리 아이 눈높이에 있는 작품들도 여럿 보이고, 화려한 색채의 작품들이 에워싸듯 전시되어 있는 것이 호기심을 자극하는 눈치다. 절대 만지면 안 된다고 단단히 주의시킨 후 아이와 나는 찬찬히 갤러리 안을 둘러본다.

아이들은 주변 환경에 따라가는 경우가 많다. 사람이 많거나 분위기가 고조된 곳에서는 흥분하기도 하고, 한적하고 조용한 곳에서는 차분해진다. 공공장소에서 아이들이 평상시와 다르게 행동하는 것도 그 때문인 것 같다. 손을 꼭 잡고 엄마와 그림을 보는 아이는 여느 때와 사뭇 다르다. 점잖다고 해야 하나. 마치 그 속에 동화된 듯 말썽 없이 그림 감상을 한다. 간혹 자기가 아는 사물이 보이거나, 좋아하는 색깔이 나오면 환호성을 지르기도 한다. 그림 속 사물을 전혀 다른 것으로 이야기하기도 하고, 제멋대로 그림 설명을 덧붙이기도 한다.

나는 아직도 어떤 것이 올바른 그림 감상인지 잘 모른다. 그림의 기역자도 모른다고 해야 맞다. 제대로 보려면 도슨트(그림을 이해하기 쉽게 설명해주는 사람)의 도움을 받거나, 시간을 내 공부를 해야 대충 이해하는 정도다. 그런데 오페라 갤러리에서는 마치 내가 모든 그림과 친구가 된 것 같다. 가까이하기 어려운 존재가 아니라 어깨동무하고 함께 웃는 사이 같다. 높지 않은 천장과 따뜻한 조명, 그 속에 자리하고 있는 낯설지 않은

그림들 덕에 오늘 소울이와 나는 참 행복하다. 온몸이 상큼해지는 레몬주
스를 마신 듯 산뜻하다. 앞으로 우리는 그림과 좀더 친해질 수 있겠지.

　오페라 갤러리는 대중에게 열려 있는 갤러리라는 느낌이 든다. 늘 다가
가기 어려웠던 큐레이터라는 존재도 마치 오랜 친구 같다. 이젠 더이상
멀리서 애태우지 말자. 예술은 우리와 함께 호흡할 때 가치가 있는 것이
니까. 🌼

🌱 가나아트센터

이미 유명 갤러리가 된 가나아트센터는 지하 2층, 지상 2층의 규모로 전시장 3개, 야외공연장, 아트숍, 레스토랑, 아카데미 세미나실까지 갖춘 복합문화공간이다. 이곳은 개인초대전에서 작고한 거장의 유작전, 주제기획전 등 다양한 형식과 장르를 아우르는 것이 특징이다. 또 전시장 외에 풍경으로 유명한 카페 '모뜨'에서 마시는 차 한잔도 운치 있다. 그리고 이곳을 찾는다면 꼭 추천할 것이 야외공연 관람이다. 이곳에는 300여 석 규모의 야외공연장이 있는데, 연주회, 연극공연, 영화상영, 패션쇼, 행위예술 등 다양한 예술 공연이 열리는 다목적 공간이다. 선선한 바람이 부는 날 온 가족이 나란히 앉아 아름다운 공연 한 편 본다면 두고두고 기억에 남을 추억을 선사할 것이다. 평창동에 위치한 이곳은 인사동 인사아트센터 앞에서 오후 1시부터 5시까지 1시간 간격으로 운행되는 미술관 순환버스를 이용하면 쉽게 찾을 수 있다.

● **가나아트센터** (문의: 02-720-1020)
관람시간: 10:00~19:00 / 매주 월요일 휴관
관람료: 어른 5,000원 / 청소년 3,000원 / 유아 무료

🎀 부암동 자하미술관

드라마 〈떼루아〉의 촬영지로 주목을 받았던 이곳은 도심 속 자연마을로 알려진 부암동에 위치하고 있다. 인왕산 중턱 기차바위와 정면으로 마주하고 있는 이곳은 건물을 감싸고 있는 풍경 자체가 작품이다. 미술애호가인 강종권 관장이 사재를 털어 만든 공익 목적의 미술관으로 관람료가 무료. 가능성은 무궁무진하지만 상업적 테두리 안에 갇혀 자유롭지 못한 젊은 작가들의 실험작들을 집중적으로 소개하겠다던 강종권 관장의 말대로 신진 작가들의 다양한 작품이 소개되고 있다. 눈에 익은 그림이 아닌 좀더 새로운 현대적인 감각의 그림이 궁금하다면 자하미술관을 찾아가보자. 부암동 고갯길을 오르는 것이 조금 힘들기는 하지만 아이와 함께 푸른 잔디에 앉아 맑은 하늘을 마주하고 있으면 세상을 다 얻은 듯 마음이 든든해진다. 경복궁역 3번 출구 앞이나, 광화문 교보문고 앞에서 부암동 가는 버스를 타고 부암동사무소에서 내려 카페 '오월'과의 사잇길로 올라간다.

● **부암동 자하미술관** (문의: 02-395-3222)
관람시간: 10:00~19:00 / 매주 월요일 휴관
관람료: 무료

✿오페라 갤러리는요~

'오페라 갤러리 서울'은 청담사거리 네이처포엠 빌딩 1층에 있어요. 네이처포엠 빌딩은 청담동 갤러리 문화를 정착시킨 '갤러리 빌딩'으로 유명해요. 찾기도 아주 쉬워서, 청담사거리에서 갤러리아 백화점 방향으로 가다보면 신한은행이 보이는데, 바로 옆 건물이에요. 지하에 커피빈이 있는 빌딩이니 금방 찾을 수 있을 거예요. 오페라 갤러리는 아침 10시부터 저녁 7시까지 개방하는데, 언제든 찾아갈 수 있답니다. 간혹 진행되는 특별 전시회를 제외하고는 거의 무료전시를 하니 부담 없이 가도 좋아요.

시간이 되면 빌딩 안에 있는 개인 갤러리들을 둘러보는 것도 괜찮고요. 차를 가져가는 경우 건물 지하에 주차장이 있으니 사용하면 됩니다. 오페라 갤러리를 이용하면 3시간 무료주차권을 주니 참 좋죠? 또 커피빈에서 음료를 마시면 1시간 무료주차가 가능해요. 아이와 마른 목을 축일 생각이라면 커피빈에서 해결하는 것도 방법이겠어요. 대중교통을 이용한다면 강남역이나 신사역에서 청담사거리 가는 버스를 타도 됩니다. 지하철을 이용한다면 청담역에 내려서 9번 출구로 나와 쭉 걸어내려오면 큰 사거리가 보이는데 그게 청담사거리입니다. 모퉁이에는 도산공원에서 자리를 옮긴 카페 '느리게 걷기'가 보이고, 그 앞 횡단보도를 건너 계속 직진하면 투명창이 반짝이는 오페라 갤러리를 만날 수 있어요. 걷기 힘든 상황이면 9번 출구 앞에서 청담사거리 방향의 버스를 타고 두 정거장 지나서 내리면 돼요. 버스를 타고 유모차를 가져가면 걷기 편한 거리랍니다. seoul@operagallery.com으로 메일을 보내면 현재 진행되고 있는 전시의 정보를 얻을 수 있으니 방문 전에 확인하는 것도 좋아요.

❀ 오페라 갤러리 (문의: 02-3446-0070)
관람시간: 평일 10:00~19:00 / 일요일 · 공휴일 휴관
관람료: 무료

지하철 예술기행

지하철 무료예술공연

창 너머로 잠시 고개를 든 사이, 휙 지나친다.

인생은 목적지로 가는 지하철에 앉아

반대편에서 지나가는 지하철을 보는 것과 같다.

다음 정거장으로 가기 위해 분명 움직이고 있는데, 정지한 느낌이다.

나를 제외한 모든 것들이 바삐 돌아간다.

매일 먹이고 씻기고 입히고 재워도 아이는 더디 자라는데

세상은 너무도 빠르게 변하고 있다.

창 너머로 잠시 고개를 든 사이, 휙 지나친다. 인생은 목적지로 가는 지하철에 앉아 반대편에서 지나가는 지하철을 보는 것과 같다. 다음 정거장으로 가기 위해 분명 움직이고 있는데, 정지한 느낌이다. 나를 제외한 모든 것들이 바삐 돌아간다. 매일 먹이고 씻기고 입히고 재워도 아이는 더디 자라는데 세상은 너무도 빠르게 변하고 있다.

오랜만에 친구들을 만나기로 했다. 신랑에게 애를 맡기고 한껏 멋을 냈다. 우선 헤어스타일을 매만졌다. 통 못 신던 하이힐도 신었다. 자세히 봐야 아기엄마임을 들킬 정도의 변신이었다. 아무리 멋을 내도 유부녀인 것을 속일 수 없는지라, 그 정도만 해도 만족스러웠다. 약속장소는 강남역. 많은 인파 속에 섞여 있으려니 마치 처녀시절로 돌아간 것 같았다. 나를 찾은 기분이랄까? 친구들과 술도 한잔했다. 한껏 '업'된 기분으로 노래방에 가서 목청껏 노래도 불렀다. 놀다보니 시간은 자정으로 가고 있었다.

신나게 스트레스를 풀고 호박마차가 변할까 두려운 신데렐라처럼 정신없이 지하철역으로 향했다. 적당히 취기가 오른 채 계단을 내려가 개찰구로 향하려는데, 누군가 내 발목을 잡았다. 움직일 수 없었다. 놀란 나머지 괴성을 지르며 필사의 몸부림을 쳤다. "왜 이래요, 이거 놔요오!" 그러자 쿵, 무언가 시원하게 빠지는 느낌이 들었다. 사람들의 눈빛에서 심상치 않은 기운을 읽었다. 그제서야 뒤를 돌아보았다. 계단 아래 기다란 철제 하수구 뚜껑이 내 발에 매달려 있었다. 정확히 말해 하이힐 굽에 매달려 있었다.

　그러니까 이렇게 된 것이었다. 행여 마지막 열차를 놓칠까 염려스러운 마음에 하이힐 신은 것을 망각하고 제멋대로 뛰며 계단을 내려왔다. 그러다 운 없게 하이힐 굽이 하수구 뚜껑 작은 홈에 걸렸고, 그것이 낯선 남자의 손길이라고 큰 착각을 해 겁에 질려 힘을 썼던 것이다. 그리고 급기야 웬만한 장정도 뜯어내기 어렵다는 하수구 뚜껑을 오로지 한쪽 다리 힘으로 거뜬히 들어올리게 된 것이다. 아이 없이 홀가분한 외출을 기념하며 신은 하이힐에는 커다란 철판이 덜렁덜렁 매달려 있었다. 신데렐라는 유리구두를 남기고 홀연히 사라졌지만 나는 그럴 수 없었다. 잠시 후 창피함을 무릅쓰고 쭈그리고 앉아 하이힐을 구멍에서 빼냈다. 그리고 어느 불쌍한 아줌마의 곤경보다 뜯겨져나간 하수구 뚜껑에 더 관심을 기울이는 사람들을 뒤로한 채 열심히 가던 길을 갔다.

　대학로 길거리에서 복채 1만 원에 사주를 봐준 점쟁이가 무서운 눈으로 "어딜 가든, 아이랑 함께 다녀. 애가 당신을 지켜줄 거야!"라고 하더니 과연 그 말이 맞나 싶었다. 애엄마가 애 놔두고 놀러 나왔다가 봉변만 당한 건가, 그런 건가. 아니다. 지하철은 언제나 그랬다. 내 인생 고난과 시련의 팔 할은 지하철에서 일어났으니까. 오르내리는 계단에서 넘어지는 건 가벼운 사고 정도였고, 나란 사람을 푹신하고 널찍한 의자로 착각한 술 취한 남학생을 무릎에 앉혀야 했던 것 하며, 내 엉덩이를 스치는 손길에 기겁해 뒤돌아 따귀를 날렸는데 아저씨의 손에 우산이 들려 있었던 일, 개시도 안 한 내 새 옷을 입고 콘서트장에 다녀온 동생과 지하철에서 마주쳐 다리에 힘이 풀려 주저앉았던 일 등 말하자면 밤을 새도 모자란다.

그런데 문득 웃음이 난다. 하나하나 지난날을 돌아보니 그렇게 나쁘지만은 않았다. 한때 지하철은 나의 발이자, 희망이자, 꿈으로 가는 계단이었다. 지하철을 타고 학교에 다녔고, 지하철을 타고 직장에 다니며 돈을 벌었고, 지하철을 타고 그가 기다리는 곳으로 달려갔다. 그렇게 십수 년을 함께하며 숱한 사연을 안겨줬다. 때때로 괴로웠지만, 가끔 세상이 어떻게 돌아가나 궁금할 땐 출퇴근길 지하철에 몸을 싣고 싶다. 함께 부딪히고 넘어지고 뒹굴며 세상의 변화를 느끼고 싶다.

그러나 움직이지 않는 것 같은 아이와의 시간도 사실은 열심히 달리고 있는 것일 테다. 다만 반대편으로 지나는 열차가 더 빨리 지나는 것처럼 느껴질 뿐. 어차피 같은 열차를 타지 않았다면 천천히 나의 속도를 즐기는 것이 현명할 것이다. 아이와 나는 오늘 지하철역으로 가볼 참이다. 반대편 열차의 사람들이 바쁜 일상에 쫓길 때, 우리는 지하철 안에서 펼쳐지는 문화와 예술을 느긋하게 감상할 생각이다. 우리만의 방식으로 우리가 누릴 수 있는 시간의 즐거움을 찾으면서 그렇게.

지하철 예술무대가 10년을 맞이할 정도로 문화의 장으로 거듭나는 지하철역에 대한 기사를 본 터라, 어딘가에 공연이 열리고 있을 거라는 막연한 희망이 있었다. 아이의 문화 수준을 높여주겠다고 정보를 수집하는 열혈엄마는 못 되지만, 관심을 갖고 본 신문기사 정도는 기억하는 엄마다.

지하철 공연 나들이를 계획하고 인터넷을 검색하기 시작했다. 서울 지하철 홈페이지와 '레일아트'라는 지하철 전문 공연기획사 홈페이지에 공연 일정이 비교적 자세히 나와 있었다. 무대를 갖추고 공연을 하는 역 중에는 우리 동네 역도 포함되어 있었다. 공연 레퍼토리도 음악과 춤, 퍼포먼스 등 장르별로 선보이고 있었다. 한 역에서 한 가지만 하는 것이 아니라, 여러 역을 순회하며 다양한 공연이 펼쳐지고 있었다.

그중 눈에 띈 공연이 있었다. '마리아치' 공연이었다. 마리아치는 멕시코의 음악밴드다. 반가웠다. 배가 제법 불러온 임신 중 어느 날의 기억 때문이다. 그날 새벽녘 화장실에 볼일 보러 나왔다가 그대로 잠에서 깨고 말았다. 무거운 몸을 또다시 침대에 눕혔다 일어나는 것조차 귀찮아 거실 소파에 기대앉아 TV를 켰다. 채널을 돌리는데, 멕시코 '마리아치'에 관한 다큐멘터리를 하고 있었다. 때론 사랑의 전령사가 되기도 하고, 민중봉기에 앞장서는 전사가 되기도 했던 그들을 집중조명하고 있었다.

그중 배불뚝이 아줌마의 눈을 사로잡은 것은, 프로포즈를 받는 한 여성의 모습이었다. 멕시코 음악을 하는 소편성 악단인 '마리아치'는 프랑스어로 결혼, 즉 '마리아주(mariage)'에서 유래됐다는 설이 있단다. 그래서 마리아치들은 멕시코 남성들을 대신해 로맨틱한 프로포즈를 전하는데 그

Mariachi
Latin
IV

모습을 카메라에 담은 것이다. 화면은 주인공 남자와 마리아치가 여자의 집 앞 담장 옆에서 황홀한 노래를 부르는 것을 보여주더니, 2층 창문에 나타난 깜짝 놀란 여자의 모습을 비췄다. 그리 뛰어난 외모가 아니었지만, 그 순간만큼은 줄리엣이 따로 없어 보였다. 볼이 발갛게 상기된 여자는 어쩔 줄 모르며 마리아치의 노래를 끝까지 다 듣고, 남자의 청혼을 받아들였다. 로맨틱과 거리가 먼 배부른 임산부의 입장에서 그 모습이 부러워 눈물이 날 지경이었다. 육포를 뜯으며 "지금은 좋지? 이제 애 가져봐라"라고 저주를 내리듯 혼잣말을 했다. 만약 마리아치 광장이 따로 있고, 레스토랑 곳곳에 마리아치 밴드가 연주를 하는 멕시코에 있었다면 당장 밖으로 뛰어나가, "나를 위해 노래 좀 불러줘요!" 하고 고함을 쳤을 것이다. 하지만 밖으로 나가 노래 좀 불러달라고 했다가는 조용히 병원에 실려가게 되는 것이 현실이었다.

아쉬움 속에 하루 이틀이 지나고, 정말 우연히 마리아치를 만날 수 있었다. 국제교류재단 주최로 열리는 제3세계 공연 초대장이 생긴 것이었다. 그날 최대한 로맨틱하게 마리아치를 만나기 위해 일곱 달 만에 하이힐을 신었다. 뱃속에 있는 아이가 이게 무슨 일인가 놀라 발길질을 했지만, 살살 달래가며 마리아치의 음악을 듣고 나왔다. 어두운 공연장이었지만 정열적인 남미의 로맨스를 경험한 것 같았다. 그때 그렇게 발길질을 하던 아이가 세상에 나와 내 옆에 있다. 함께 마리아치 공연을 보면 어떤 반응을 보일까, 문득 궁금하기도 하다. 지하철 공연 나들이는 마리아치 공연으로 결정했다. 언제 어디로 가면 될까?

집 앞 역에서 공연이 열리면 좋으련만, 가장 가까운 날 마리아치 공연 스케줄에 우리 동네 역은 없다. 이미 한차례 지나간 것이다. 어쩔 수 없이 남의 동네로 원정을 떠나기로 한다. 언제나 그렇듯 무료공연을 보기 위해 나서는 발걸음은 참 가볍다. 엄마가 신이 나면 아이도 덩달아 신이 나기 마련이다. 괜히 헤죽거리는 엄마를 보고 아이도 기분이 한껏 들뜬다. 어디 좋은 데라도 가는 줄 아는 모양이다. 일부러 유모차는 가져가지 않는다. 동선도 짧고 계단 오르내리는 데 오히려 번거로울 것 같다.

지하철 무료예술공연을 보러 가는 길이므로 지하철을 타기 위해 역으로 향한다. 가는 길에 혹시 도움이 될까 싶어, 유일하게 아는 라틴음악인 〈라밤바〉를 아이에게 불러준다. 중고등학교 때 무슨 뜻인지도 모르고 열심히 따라 불렀던 곡이다. 한글로 '빠라 바일라르 라밤바' 라고 또박또박 써서 카세트테이프를 돌려가며 외웠던 노래가 이렇게 요긴하게 쓰일 줄, 그땐 몰랐다. 아직도 가사 중 뜻을 아는 단어라고는 '그라시아'밖에 없지만 그래도 열심히 불러본다. 아이는 처음 듣는 노래인 데다가 엄마가 알아들을 수 없는 말을 하자, 다른 노래를 부르자고 한다. 참을성 하고는. 조금만 더 하면 하이라이트인데, 아쉽지만 그만둔다. 상전나리 길 떠나실 때 최대한 비위 맞춰주는 것이 상책이다. 함께 노래 부르고 율동을 하는 사이 공연 장소에 도착한다.

공연을 보기 위해 사람들이 제법 모여든다. 네 명으로 구성된 마리아치들이 준비를 하고 있는 모습이 보인다. TV에서 보던 모습과는 조금 다르다. 멕시코에 있는 마리아치들은 마치 투우사처럼 옷을 빼입고 커다란 챙

모자를 쓴 날렵한 모습이었는데, 무대 위의 마리아치들은 푸근한 아저씨들이다. 하긴 나도 할 말 없다. TV 속 여인들은 풍만한 가슴과 잘록한 허리에 멋진 의상을 입고 마리아치의 공연을 관람하던데, 내세울 거라고는 잘록한 가슴과 풍만한 허리뿐인 내가 누굴 탓하랴. 그렇게 생각하니 오히려 마리아치 아저씨들이 더 친근하다.

원래 마리아치들은 악보를 볼 줄 모르는 농군들이었다고 한다. 듣고 외운 500여 가지의 곡을 머릿속에 담고 연주해냈다는데, 우리 앞에서 연주하는 마리아치들은 꽤 배운 사람들 같다. 나중에 돌아와 살펴보니, 멤버 중에는 국영방송 연주자부터 국립뮤지컬단에서 활동한 사람까지 그 이력이 화려하다. 현악 연주단답게 수준 높은 연주솜씨를 뽐내며 공연이 시작된다. 역시나 흥겨운 라틴의 리듬. 언젠가는 저 정열의 나라에 가서 내 속의 불을 모두 뿜어내고 싶다는 생각을 한다. 그렇게 쏟아내고 돌아오면 더이상 미열에 들떠 하릴없이 시간을 죽이는 일은 일어나지 않을 것 같다. 가지 못하는 아쉬움을 달래주는 익숙한 듯 낯선 이국의 음악. 시원한 바람조차 통하지 않는 지하에 있지만 마음만은 뜨거운 태양이 달궈놓은 멕시코 어느 광장에 있는 것 같다.

귓속의 문을 활짝 열고 들어온 선율은, 목구멍을 지나며 꿀꺽 삼켜져 심장에 차곡차곡 쌓인다. 눈을 감고 들으니 마치 나만을 위한 세레나데인 것 같다. 아이도 즐거운 표정으로 음악을 듣고 있다. 바벨탑이 생기기 전 인류가 함께 쓰던 언어는 아마도 음악이 아니었을까? 음악은 나이와 국적을 불문하고 모두와 소통 가능한 유일한 언어다. 지구 반대편에서 날아온 마

201
지 하 철
예 술 기 행

리아치들도, 세상 구경한 지 고작 2년 남짓 된 소울이도, 아직은 어색한 '엄마' 라는 타이틀에 맞는 사람이 되기 위해 고군분투하고 있는 나도 모두 음악 속에 하나가 된다. 드디어 함께 흥얼거릴 수 있는 노래 〈라밤바〉가 흘러나온다. 영화 속 주인공인 리치 밸런스와 전혀 다른 외모의 마리아치이지만 그런들 어떠하리. 목소리만큼은 매력이 넘치는데.

사람들의 박수 속에 공연이 끝나고 무대 한편에 마련되어 있는 그들의 CD가 눈에 띈다. 1만 원을 건네고, 남미의 뜨거운 정열과 열정을 전해받는다. 아이가 잠들면 이어폰을 귀에 꽂고 조용히 CD를 들어볼 생각이다. 오늘밤 여행할 수는 없지만, 떠날 수는 있겠지. 저 뜨거운 태양과 같은 정열의 나라로.

당연한 이야기지만 아이는 뱃속에서 듣던 마리아치의 공연을 기억하지 못했다. 어쩌면 오늘의 경험도 금방 지워버릴지 모르겠다. 하지만 엄마와 함께 행복한 시간을 보내고 있다는 것만 기억하면 좋겠다. 또렷하지 않더라도 경험으로 체득된 그런 감정들이 아이의 인성과 감수성을 자극하기를 바란다. 그 긍정의 에너지들로 더디더라도 열심히 성실하고 행복하게 인생의 열차를 끌고 가기를 진심으로 바란다. 🌷

🌸 서울메트로 미술관

지하철 예술무대 외에 또 하나의 문화예술의 장이 있으니, 바로 서울메트로 미술관이다. 이는
서울메트로가 시민의 교통기관으로서의 역할뿐만 아니라 쾌적한 쉼터와 함께하는 생활 속의
문화공간을 제공하려는 노력 중의 하나로, 현재 3호선 경복궁역에 위치하고
있다. 서울메트로 미술관은 공공미술관으로서 누구나 사색하고
느낄 수 있는 수준 높은 전시를 지향한다. 또 젊은이들이 실험적
인 예술을 펼칠 수 있도록 혜화역에도 간이전시장을 마련할 계획
이다. 관람료는 무료이며, 서울메트로 홈페이지에서 전시 일정을
확인할 수 있다.

🏵 **서울메트로 미술관**(문의: 02-6110-5164)
　관람시간: 평일 10:00~22:00(동절기는 21:00까지) / 공휴일 10:00~22:00
　관람료: 무료

🚇 지하철 예술무대는요~

지하철 예술무대는 서울메트로(지하철 1~4호선)가 문화공연이 일상화된 파리지하철을 벤치마킹해 2000년부터 시작했다는군요. 첫해 연간 35회에 불과하던 공연횟수는 2008년에는 2,025회로 늘어나 2009년에 60개 팀이 돌아가며 매일 10개 역에서 공연 중이랍니다. 이분들은 거리의 악사가 아닌 '서울메트로 예술인'이라는 호칭으로 불리기도 합니다. 종각역, 선릉역, 사당역, 용산역, 성신여대입구역 등 상설무대가 있는 역 외에도 간이무대를 만들어 여러 역에서 문화예술을 선보이고 있습니다. 굳이 멀지 않은 곳, 우리 집 가까운 역에서 펼쳐지고 있는 공연이 있다면 관람을 해보는 것도 좋을 거예요. 공연 장소와 일정 및 내용은 서울메트로 홈페이지(www.seoulmetro.co.kr)를 통해 자세히 알아볼 수 있습니다. 공연일정표가 제공되거든요.

또 서울도시철도공사(www.smrt.co.kr)가 운영하는 지하철 5~8호선에서도 평일에는 2~3개 팀이, 주말에는 5~6개 팀이 공연 중이라고 하니 해당 지역 엄마들은 도시철도공사 홈페이지도 살펴보세요. 지하철 예술무대에는 클래식·가요·국악 등 음악공연은 물론 뮤지컬·비보이·벨리댄스·한국무용·마임 등 다양한 공연이 열리고 있어서 잘 찾으면 입맛에 맞는 재미있는 공연을 공짜로 즐길 수 있습니다. 집과 가까운 곳이라 갈 곳 없어 몸이 배배 꼬일 때 들르면 엄마 스트레스도 풀리고 아이에게도 새로운 경험이 될 겁니다. 공연장 자체가 열린 공간이라 아이와 함께하기 좋습니다. 공연에 방해가 되면 안 되겠지만, 어느 정도 자유롭게 움직일 수 있기 때문에 격식 차려야 하는 공연장에 드나들지 못한 엄마들에게 대리만족을 주는 곳이기도 하니까 종종 이용해보세요.

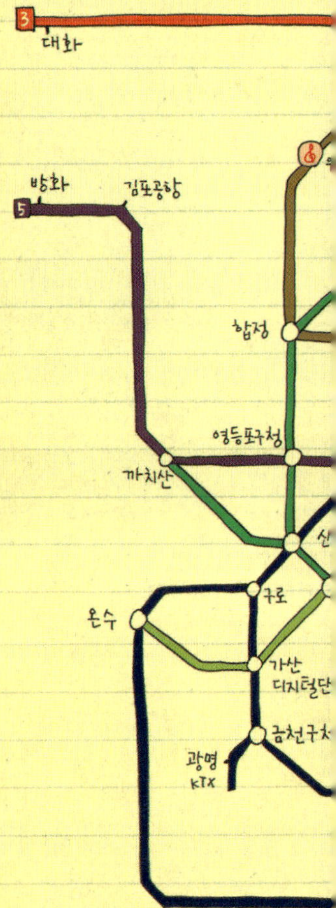

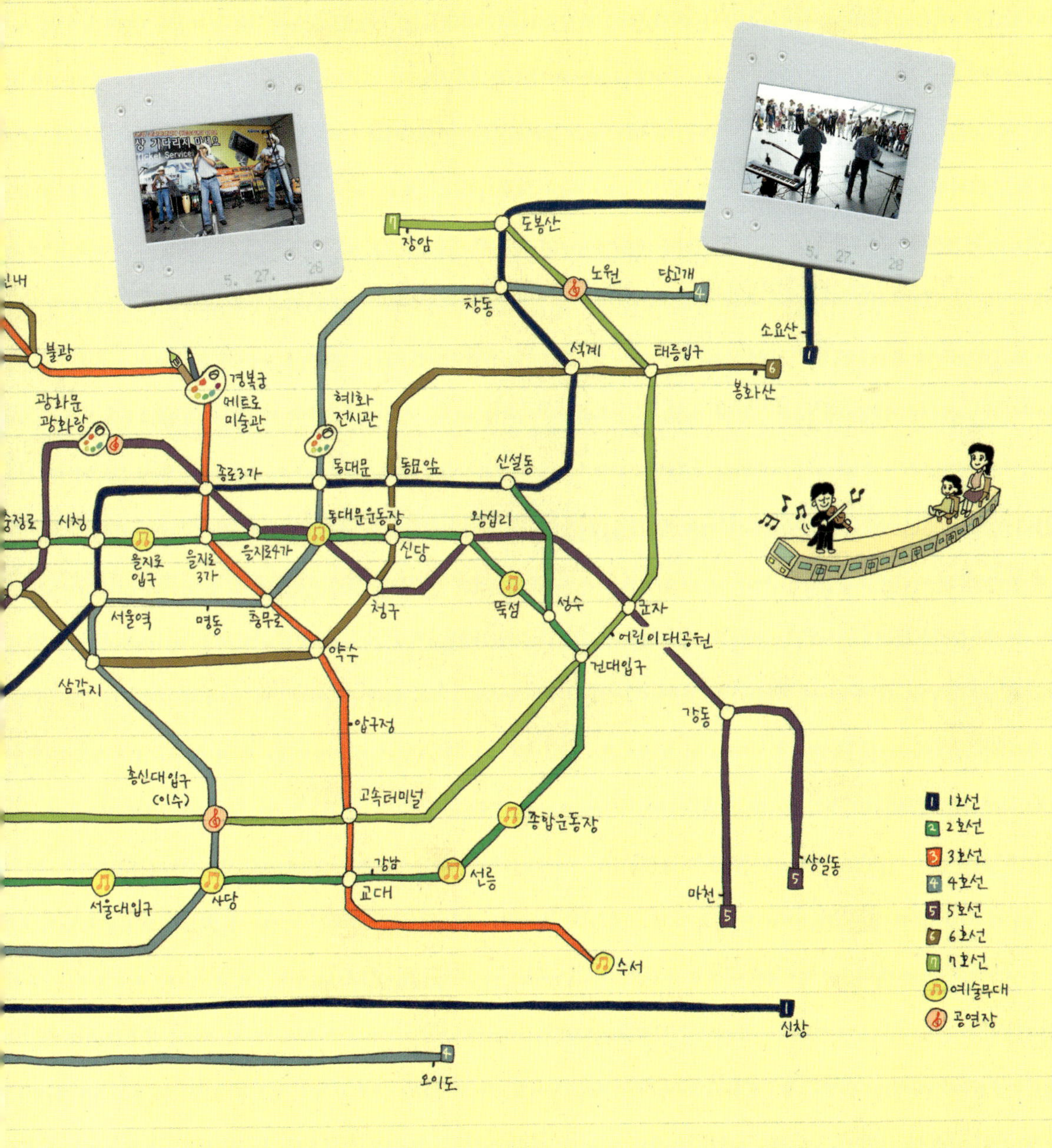

장암
도봉산
창동
노원
당고개
석계
태릉입구
소요산
봉화산
불광
경복궁
메트로
미술관
혜화
전시관
광화문
광화랑
종로3가
동대문
동묘앞
신설동
충정로
시청
동대문운동장
왕십리
을지로입구
을지로3가
을지로4가
신당
서울역
명동
충무로
청구
뚝섬
성수
군자
어린이대공원
건대입구
약수
압구정
삼각지
강동
총신대입구
(이수)
고속터미널
종합운동장
상일동
서울대입구
사당
강남
교대
선릉
마천
수서
신창
오이도
1호선
2호선
3호선
4호선
5호선
6호선
7호선
예술무대
공연장

박물관에서 놀기

별난물건박물관

주제넘게 엄마 인생에 관여해야겠다고 느낀 것은 박물관 때문이었다.

박물관에 가니 옛사람들이 사는 모습이 그대로 보존되어 있었다.

물론 일부의 모습이겠지만, 그걸 보며 사는 게 별게 아니라는 생각을 했다.

묵직한 금관을 쓴 왕이었을지라도, 지나고 보니 다 같은 사람이었다.

그럴진대 이러지도 저러지도 못하면서 아등바등 사는 것이 무슨 의미일까 싶었다.

누구나 공평하게 한세상을 사는 것이라면 좀더 이기적으로 살아도 될 것 같았다.

그러다 문득 엄마가 생각났다. 절대 이기적일 수 없는 사람.

이기적인 사람들 틈에서 공평하지 않은 인생을 살아가야 하는 사람이 엄마였다.

그리고 그런 엄마의 모습은 곧 나의 자화상이었다.

소리 Sound of Funique

주제넘게 엄마 인생에 관여해야겠다고 느낀 것은 박물관 때문이었다. 박물관에 가니 옛사람들이 사는 모습이 그대로 보존되어 있었다. 물론 일부의 모습이겠지만, 그걸 보며 사는 게 별게 아니라는 생각을 했다. 묵직한 금관을 쓴 왕이었을지라도, 지나고 보니 다 같은 사람이었다. 그럴진대 이러지도 저러지도 못하면서 아등바등 사는 것이 무슨 의미일까 싶었다. 누구나 공평하게 한 세상을 사는 것이라면 좀더 이기적으로 살아도 될 것 같았다. 그러다 문득 엄마가 생각났다. 절대 이기적일 수 없는 사람. 이기적인 사람들 틈에서 공평하지 않은 인생을 살아가야 하는 사람이 엄마였다. 그리고 그런 엄마의 모습은 곧 나의 자화상이었다.

언제부터인가 엄마의 모습에서 나를 봤다. 그리고 어느 순간 나의 모습에서 흑백사진 속 엄마의 모습을 발견했다. 때때로 엄마는 나이고, 나는 엄마였다. 나는 엄마가 되고서야 비로소 엄마를 이해하게 됐다. 엄마의 추억과 사랑을, 엄마라는 사람의 역사를 이해할 수 있게 됐다.

토요일 오후, 퇴근하는 아빠를 기다리며 볕이 좋은 베란다에 앉아 10원씩 받고 엄마의 흰머리를 뽑았다. 그 시절 엄마의 나이가 된 나는, 엄마보다 아이를 늦게 낳은 탓에 거울을 보며 혼자 족집게로 흰머리를 뽑았다. 그러면서 생각했다. '그때 우리 엄마, 참 젊었구나.' '그저 흰머리가 있는 어른이라고 생각했는데, 지금의 내가 그렇듯 우리 엄마도 아직은 청춘이었구나' 라고. 나는 그때 엄마가 30대 초반의 여자라고 생각하지 못

했다. 아련한 추억이 있고, 추억 속의 사람들이 있고, 그 사람들을 그리워할 것이라고 꿈에도 생각할 수 없었다. 엄마는 나와 동생을 씻기고 먹이고 재우고, 매일 장을 봐 밥을 짓고 반찬을 만들고, 사흘이 멀다 하고 새 김치를 담그고, 뜨개질을 하고, 청소를 하는, 처음부터 엄마로 태어난 사람이었다. 그게 엄마고, 엄마는 그게 전부일 거라고 단정했다.

하지만 그때의 엄마도 지금의 나와 같았을 거다. 생활에 묻혀 말할 순 없었지만 추억이 있고 꿈이 있었을 것이다. 그래도 내색하지 않았던 건 우리 때문이었겠지. 엄마를 엄마로만 보는 우리가 혼란스러울까 참고 견디며 살았을 것이다. 내가 지금 아이를 보며 추억을 묻고 그리움을 흘려보내듯. 엄마가 되어 진짜 엄마를 이해하게 됐지만 현실은 더 서글프다. 엄마의 모습에서 나를 지울 수 없기 때문이다. 엄마는 그 직함이 할머니로 바뀌었을 뿐, 달라진 게 없다. 엄마는 이제 자식과 손자를 위해 밥 짓고, 우리를 위해 찬을 만든다. 딸들 뒷바라지하느라 번번이 동창모임에 참석하지 못하고, 연애 한번 마음 놓고 못 한다.

그러나 진짜 슬픈 건, 이런저런 사정 다 알면서도 엄마를 놓아주지 못한다는 것이다. 엄마를 이해한다고 말했다가, 엄마가 기다렸다는 듯 훌훌 털고 손을 놓을까 두렵다. 엄마가 아닌 그냥 한 사람이 된다고 할까 겁난다. 그런데 문득 지금의 엄마처럼 그저 엄마이기만 할 훗날의 내 모습이 보인다. 얼마 전 신랑이 공원에서 아이를 업고 나오는 내 모습을 사진으로 찍었다. 그 사진 속의 나는 빛바랜 사진 속 엄마와 꼭 닮아 있었다. 언젠가 엄마는 말했다. "생각해보니, 그때가 제일 행복했어. 너희들 낳고

너희가 초등학교 들어갈 때까지. 아침부터 밤까지 내 손 안 닿으면 안 됐을 그때. 그때 내가 제일 예뻤던 것 같아." 그러나 나는 아무리 엄마라는 이름으로 늙어간다 해도, 지금의 엄마처럼 그 시절이 제일 행복했노라 말할 수 없을 것 같다.

사실 나는 엄마처럼 '엄마'라는 타이틀에 모든 걸 맡길 자신이 없다. 거스를 수 없는 게 시간이지만, 이제 그 시간의 방향을 돌리고 싶다. 엄마도 엄마가 아닌 한 인간으로 살아갈 수 있도록, 아쉽지만 손을 놓아야겠다. 그래야 엄마가 된 나도 언젠가는 나를 찾을 수 있을 것이다.

수천 년 전 이집트 피라미드 한구석에 "요즘 애들은 버릇이 없다"라는 문구가 적혀 있다는 얘기를 들은 적이 있다. 돌고 도는 것이 역사라면, 이제 이쯤에서 그 순환을 끊고 싶다. 엄마도 한 인간으로 살아갈 수 있도록, 엄마도 모든 감정을 느끼고 표현하며 살 수 있도록 우리 엄마의 역사부터 다시 만들어야겠다.

엄마에게 어떻게 엄마의 인생을 돌려줄까 고민하다, 나는 아이의 손을 잡고 박물관으로 향했다. 무엇이든 시작된 곳에 끝이 있다는 믿음이 있어서일지도 모르겠다. 박물관에 가서 다시 한번 지난 시절의 사람들과 조우하면 해답이 나올 것도 같았다. 박물관은 이렇게 뜬금없는 고민이 없더라도 무시로 드나들면 좋은 곳이다.

그래서 용산가족공원에 가는 길에 국립중앙박물관에 가기도 하고, 삼청동이나 경복궁 나들이에 슬쩍 고궁박물관이나 어린이민속박물관, 북촌

생활사박물관에 들르기도 한다. 대부분 무료입장이어서 색다른 나들이를 원할 때 오며 가며 들르기 좋은 곳들이다. 그런데 박물관에 가면 아이는 좀 지루해한다. 만지면 안 되는 귀한 것들을 만져보겠다며 떼를 쓰기도 하고, 어둑한 분위기 때문에 나가자고 조르기도 한다. 과거, 현재, 미래의 다양한 모습을 진지하게 보고 느끼면 좋으련만, 아직 어린아이에게 그런 요구는 무리인 것 같다. 사실 오늘 나들이는 자연사박물관을 가볼까 생각했다. 어젯밤 새로 산 책에서 본 공룡의 모습을 실제로 보여주고 싶었기 때문이다. 멸종한 이유와 환경의 소중함에 대해 얘기해주면서 수돗물을 틀어놓으며 장난치는 습관을 고쳐주고 싶었다.

그런데 문득 아이에게 즐거운 나들이일까 고민이 든다. 어두운 곳을 싫어하는데, 가서 울다 돌아나오는 건 아닐까 싶다. 생각 끝에 오늘은 아이에게 즐거움을 선물해줄 박물관을 찾기로 했다. 이름도 재미있는 '별난물건박물관'이 바로 그곳이다.

'별난물건박물관'은 용산전쟁기념관 안에 있다. 예전부터 전쟁이 뭐 기념할 일인가 싶어 관심 밖에 두던 곳인데, 의외로 아이들을 위해 다양한 기획전시를 하고 있었다. 한 번도 안 가본 곳이라 걱정이 앞섰지만, 언제나처럼 "인생 뭐 있어?"를 외치며 집을 나선다.

홈페이지 위치 확인을 하니 삼각지역 6호선 출구 중 12번으로 나가면 바로인 것 같아 일부러 유모차는 두고 나온다. 6호선 삼각지역으로 가기 위해 지하철을 갈아탄다. 환승할 때는 유모차가 없는 편이 훨씬 낫다. 가

끔 아이가 다리 아프다며 안아달라고 하지만, 나들이 떠나는 길엔 저도
신이 나 열심히 걷는다. 이제 드디어 삼각지역, 12번 출구에 있는 엘리베
이터를 타고 나가자 정말 멀지 않은 곳에 용산전쟁기념관이 보인다. 바로
코앞이라면 과장이겠으나, 많이 걷지 않아도 될 거리다. 정문으로 들어서
니 우뚝 솟은 6·25탑이 보인다.

　우리 때만 해도 반공교육도 받고, 책상 아래 숨는 대피훈련도 했는데
우리 아이들은 그럴 일은 없을 것이다. 어쨌든 6·25탑은 평화와 화합을
상징한다. 아직 그런 의미를 이해하지 못하는 아이에게 굳이 어려운 설명
은 하지 않는다. 좀더 자란 후에 알려줘도 늦지 않을 것이다. 조형물을 지
나 양옆에는 작은 분수들이 솟아나오는 시원한 연못이 보인다. 고요한 연
못과 담을 따라 늘어선 벤치에서 쉬는 사람들이 눈에 띈다. 우리는 기념
관으로 가기 위해 광장으로 올라간다.

　광장 앞에서 아이와 나는 "와!" 하고 탄성을 내뱉었다. 저 멀리 기념관
앞에 있는 사람이 작게 보일 만큼 큰 광장이었다. 군더더기 없이 탁 트인
광장에서는 유치원 견학을 온 듯한 꼬맹이들이 뛰어놀고 있었다. 어디든
탈출을 감행하는 18개월 된 장난꾸러기 조카 녀석을 데리고 오면 딱 좋을
것 같다는 생각이 들었다. 조금이라도 숨어들어갈 곳만 있으면 사라지는
녀석 때문에 어딜 가든 신경을 곤두세워야 했는데, 이곳이라면 마음 놓고
뛰어다니게 할 수 있을 것 같다. 소울이도 광장을 좋아하는 것 같다. 하지
만 광장에서 뛰어놀다가 막상 목적지에 가서 지쳐 짜증을 낼 수도 있다.
더 재미있는 것을 보자고 설득해 가던 길을 서두른다.

213
박 물 관 에 서
놀   기

드디어 용산전쟁기념관에 도착, 매표소에서 티켓을 끊고 별난물건박물관으로 향한다. 별난물건박물관과 함께 기획 중인 롤링볼 뮤지엄 통합 티켓이 있지만 별난물건박물관만 보기로 한다. 아이의 연령이나 체력으로 봐서 두 곳은 무리다. 특히 이렇게 체험을 함께할 수 있는 곳은 더더욱. 할로겐 조명으로 따뜻한 느낌이 나는 박물관 내부로 들어서자 쿵쿵 짝짝 악기 소리와 아이들의 왁자한 소리가 먼저 들린다. 보기만 하는 것이 아닌 만져보고 체험할 수 있는 박물관이라더니, 소리부터 다르다.

아이와 나는 우선 박물관 전체를 죽 둘러보며 탐색한다. 전시된 물건들이 모두 신기해 보인다. 기존에 다니던 여느 박물관처럼 근엄한 모습은 아니지만 실생활에서 쉽게 보지 못하는 것들이다. 아이는 커다란 양푼 앞에 선다. 양옆에 채가 있는 것을 보니 악기인 것 같다. 설명을 보니 두드리는 면마다 다른 소리가 나는 스틸 드럼이라고 한다. 사이좋게 채를 나눠 잡고 두드려본다. 정말 도레미파솔라시……, 두드리는 곳마다 다른 소리가 난다. 신기하고 재미있다. 주위에는 몸통 없이 목 부분만으로 연주하는 기타, 리얼한 방귓소리가 일품인 방귀 스피커, 조합하는 대로 소리를 다르게 합창하는 동물 블록, '삑삑츄츄' 기관차의 기적 소리를 재현한 파이프 등 온통 기발한 아이디어의 발명품들이다.

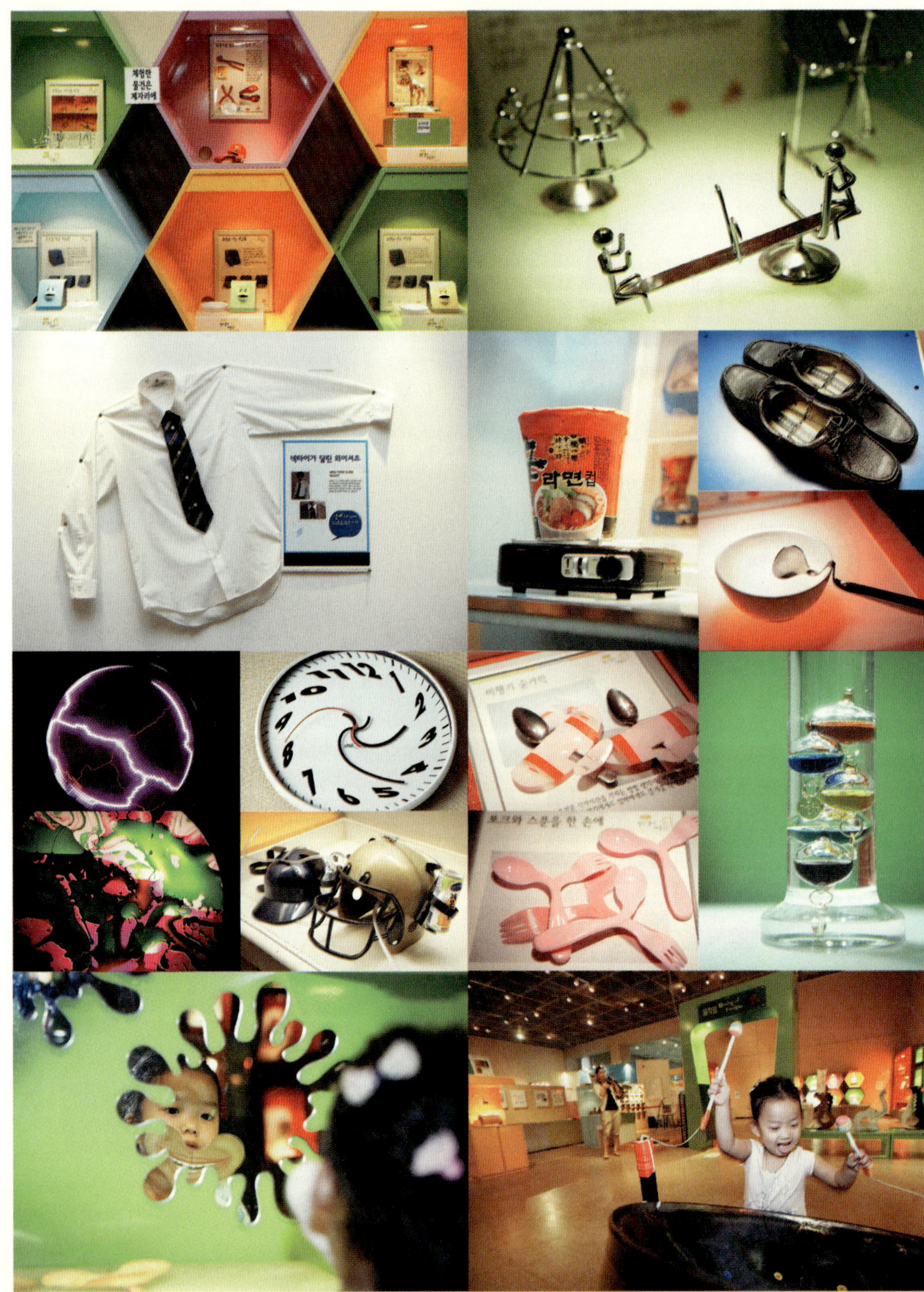

아이는 쉽게 발을 떼지 못하고 이 모든 것들을 하나하나 만져본다. 박제되어 숨어 있는 여느 박물관의 전시품보다 오래 기억에 남을 것 같다. 우리는 벽걸이 장식인 사슴의 목을 쓰다듬으며 노래를 듣고, 박수 소리에 맞춰 저절로 연주하는 손가락을 위해 열심히 박수를 친다. 꼬불꼬불 동전을 삼키는 펭귄과 코끼리에게 먹이도 주고, 탁구채가 조르륵 붙어 있는 나무에 구슬을 굴려 '탕탕' 울리는 리듬을 듣는다. 빨간모자 아가씨처럼 챙이 넓어 젖을 염려 없는 우비도 입어보고, 빨대를 꽂아 음료수를 마실 수 있는 헬멧도 쓴다. 돋보기 손톱깎기와 뒤가 보이는 안경, 화장용 안경으로 장난을 친다. 문지르면 물방울이 춤을 추는 청동대야의 손잡이를 마술사가 된 듯 조심스럽게 어루만지기도 하고, 두 개를 이어 붙인 페트병 속 빨대를 통해 분수의 원리에 대해 알아보기도 한다.

박물관 관람을 하면서 아이와 내가 이렇게 함께 눈 맞추고 즐거웠던 적이 없었다. 엄마가 흥미 있는 것은 아이가 재미없어하거나 그 반대였다. 엄마의 눈높이에서 아무리 아이에게 설명해본들 알아듣지 못했고, 그 사실을 알면서도 쉬지 않고 설명을 거듭했다. 지금은 몰라도 언젠가는 기억할 것이라는 막연한 기대와 엄마로서 할 일을 했다는 안도감을 느끼기 위해서였다. 그러니까 한마디로 나 좋자고 다녔던 것이다.

그런데 이곳 별난물건박물관에서는 모처럼 같은 마음이 되어 즐거운 시간을 보내고 있다. 아이나 엄마나 처음 만나는 물건들은 똑같은 입장에서 보고 느낄 수 있도록 해준다. 즐거워하는 아이의 모습도 뿌듯하지만, 나 스스로도 동심으로 돌아간 기분이다. 언제나 친구 같은 엄마를 꿈꿨는데 늘 실천하지 못했다. 하지만 오늘만큼은 함께 실험하고 체험하면서 엄마가 아닌 아이의 친구가 된다.

생각했던 대로 박물관에 오니 답을 얻을 수 있었다. 지금 아이와 내가 수직이 아닌 수평의 관계로 친구가 되어 같은 곳을 바라보듯, 엄마에게도 그런 존재가 되어주는 것. 그것이 엄마의 인생을 돌려줄 방법에 대한 해답이었다. 🌷

☆용산전쟁기념관

별난물건박물관 관람료를 내면 용산전쟁기념관은 무료로 입장할 수 있다. 아이가 체력적으로 견딜 수 있을 것 같다면 전쟁기념관의 전시를 둘러보는 것도 좋은 방법이다. 전시실에는 전쟁역사에 관련된 전시 자료가 무려 1만여 점에 달한다. 특히 전쟁역사실에는 선사시대에서 삼국시대, 고려시대, 조선시대, 근대, 대한제국까지의 전쟁에 관한 역사 자료가 전시되어 있어 전쟁뿐 아니라 역사 전반의 변천사를 살펴볼 수 있다. 또 전시관을 중심으로 양쪽으로 뻗은 회랑의 벽면에 빼곡히 참전용사와 전사자들의 이름이 새겨져 있어 당시 얼마나 많은 희생자가 있었는지 짐작할 수 있다.

◉ 용산전쟁기념관 (문의: 02-709-3139)
관람시간: 평일 및 공휴일 09:00~18:00 / 매주 월요일 휴관
관람료: 어른 3,000원 / 어린이 1,000원 / 5세 이하 유아 무료
편의시설: 주차장 (관람객은 3시간까지 2,000원)

Point
Space

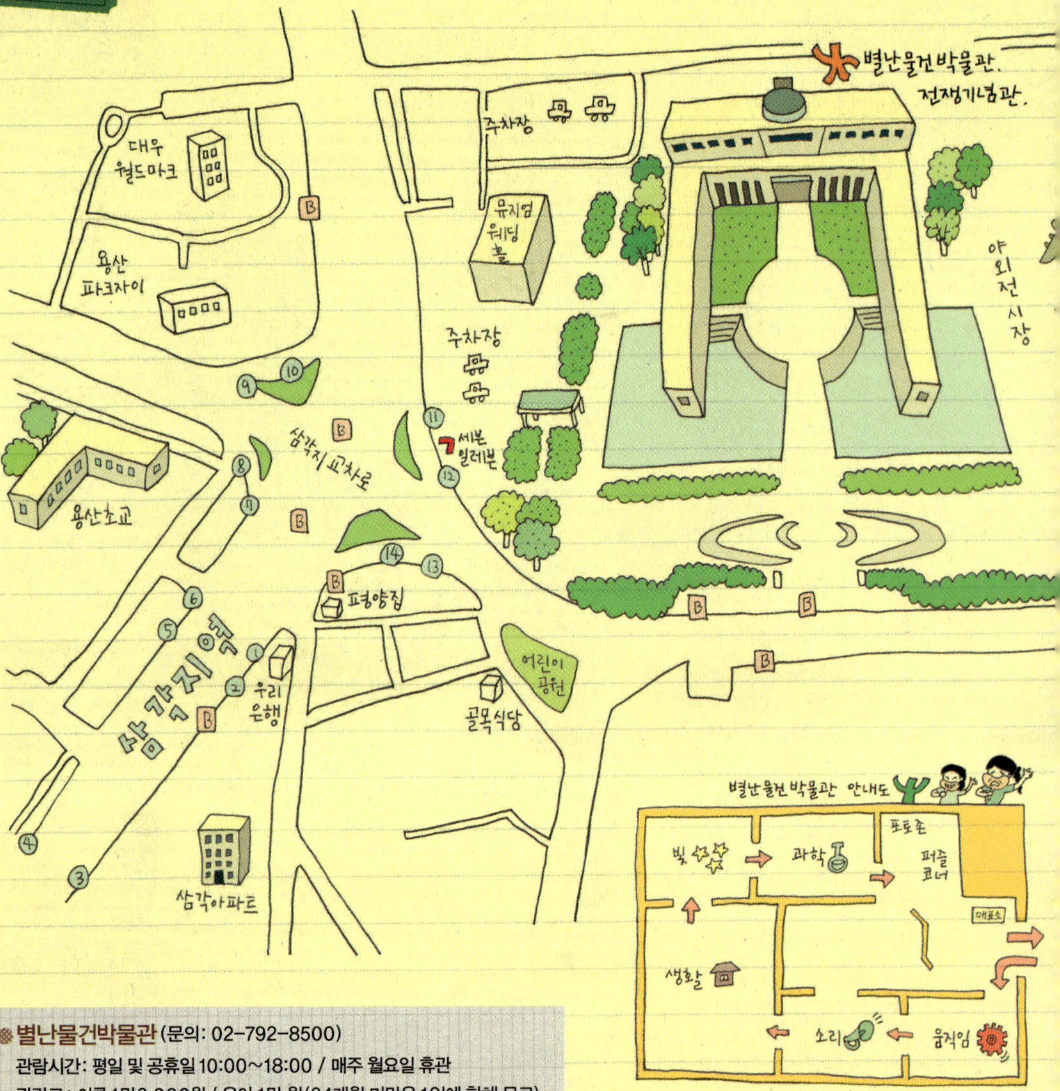

◈ **별난물건박물관** (문의: 02-792-8500)
관람시간: 평일 및 공휴일 10:00~18:00 / 매주 월요일 휴관
관람료: 어른 1만2,000원 / 유아 1만 원(24개월 미만은 1인에 한해 무료)

별난물건박물관은요~

용산전쟁기념관 내에 위치한 별난물건박물관(www. funique.com)은 서울특별시 교육청이 지정한 현장체험 학습기관으로 신기한 과학 완구를 모아놓은 이색체험 박물관이에요. 약 300여 가지 독특한 전시물이 움직임, 소리, 생활, 빛, 과학의 다섯 가지 테마로 나뉘어 전시돼 있고, 계속해서 세계에서 재미있는 물건들을 들여와 교체되기 때문에 여러 번 방문해도 다른 물건들을 만날 수 있답니다. 이곳의 가장 큰 특징은 전시물을 직접 만져볼 수 있는 것인데요, 전기와 연결돼 화상이나 감전의 위험이 있는 몇몇 전시물을 제외하면 다 만지고 체험할 수 있어요. '만지지 마세요' '눈으로만 보세요' 라는 경고문 대신 작동법을 모를 때는 주변에 있는 별박지기(별난물건박물관 지킴이)에게 문의하라는 반가운 문구를 볼 수 있답니다. 신기한 악기나 동전 먹는 스펀지, 동물, 노래하는 동물 등 24개월 미만의 아이들도 충분히 즐길 수 있어요. 아직 아무것도 모르겠지 하지 말고, 데려가면 좋을 것 같아요. 게다가 무료잖아요!

가는 길도, 전쟁기념관 내에서의 동선도 아주 편하답니다. 삼각지역은 4호선과 6호선 두 노선이 있는데요. 6호선 출구 쪽으로 나오는 게 가장 빨라요. 12번 출구 앞에 있는 엘리베이터를 타면 됩니다. 4호선을 이용한 엄마들은 6호선으로 이어지는 무빙워크를 이용하면 되고요. 전쟁기념관이라 그런지 장애인이나 유아를 위한 배려가 잘되어 있는 것 같아요. 계단 옆에는 경삿길이 함께 있어 힘들게 계단을 오르내리지 않아도 돼서 엄마 혼자 아이와 다녀오기 좋아요. 광장도 그냥 넓은 게 아니라, 엄마 시야 안에서 볼 수 있는 최대한의 크기라서 마음 놓고 아이들 놀리기 좋은 공간이에요. 또 옆으로 가면 전차며 탱크, 헬리콥터, 비행기들이 쭉 전시돼 있고 직접 만져보고 안에 들어가볼 수도 있어요. 탈것에 관심이 적은 우리 딸은 엄마랑 산책하듯 둘러보는 것만으로 만족했지만 아마 남자아이들이 가면 정말 신나게 놀다오지 않을까 싶어요.

그리고 박물관 바로 옆에 작은 카페테리아가 있어서 먹고 마시는 것은 걱정하지 않아도 됩니다. 음료와 샌드위치 등 밥 될 만한 것도 있고요, 아이들 군것질거리도 있어요. 이것저것 다 싸가지고 가지 않아도 된답니다. 참, 박물관 옆에 수유실이 있답니다. 아이 어리다고 걱정 말고 다녀오세요. 또 한 가지, 승용차를 가지고 간다면 지하 주차장에 주차 가능해요. 주말에는 북적이지만 평일은 대체로 한가한 편이라는군요. 박물관에서 3시간에 2,000원 하는 할인권을 주니까 잊지 말고 받아가세요.

공공미술 삼매경

삼청동

이런저런 인생의 길들을 이해하기 위해 가끔은 길 위의 여행자가 되곤 한다.

그렇다고 거창한 여행지를 찾는 것은 아니다.

들어가 머물 장소를 정하지 않고, 걸을 수 있는 시내 어딘가로 향하는 것이다.

그렇게 익숙한 풍경에 몸을 맡기고 시간을 보내면

가끔은 선물처럼 새로운 무언가를 발견하기도 한다.

아이와 앉아 쉬던 벤치가 그냥 벤치가 아니고,

누군가의 장난이라고 생각했던 벽그림이 예사 그림이 아니기도 하다.

쉽게 지나치던 건물 앞 조형물도 유명 작가의 작품일 경우가 있고

공사장 가림막도 예술작품이다.

02/05

세상엔 수많은 길이 있다. 인생에도 어쩌면 그보다 많은 갈림길이 존재한다. 그리고 길 앞에 서면 우리는 늘 고민에 빠진다. 선택은 우리의 몫이지만 앞을 볼 수 없는 것 또한 우리의 운명이다. 가끔은 뜻하지 않은 언덕을 만나기도 하고, 고랑에 발이 빠지기도 한다. 하지만 누구에게나 시작은 꽃길이었으리라.

새로운 길은 언제나 긴장으로 시작한다. 과연 맞는 길인지, 한치 앞도 모르는 인생에서 두려움이 앞선다. 그래서일까. 유부녀의 길을 비교적 일찍 선택한 나에게 이 길에 대한 문의가 끊이지 않는다. 선후배 할 것 없이 결혼에 대해 고민이 생길 때면 찾아와 묻곤 한다. "결혼해도 될까?" 정답은 아니지만 미리 경험한 입장에서 하는 얘기는 늘 같다.

일정부분 포기할 자신이 있다면 시도해보라고 한다. 포기라는 말에 대부분 기겁을 하며 더 혼란스러워하지만, 그것이 현실이다. 결혼생활을 해본 사람이라면 누구나 공감할 것이다. 뭐든 튼튼하게 오래 쓰려면 아귀를 딱 맞춰야 하는 법이다. 그런데 아귀를 맞추려면 양쪽 모두 반대쪽에 맞추어 만들어야 한다. 한쪽이 더 크거나 작다면 어긋나거나 오래지 않아 고장나기 십상이다. 사람 관계도 마찬가지다. 상대가 나에게 맞춘다고 될 일도 아니고, 내가 맞춰준다고 될 일도 아니다. 합을 이루려면 서로 일정부분 포기하고 다듬으며 관계를 이뤄나가야 한다. 많은 사람들이 신혼 6개월 동안 평생 할 다툼을 몰아서 해버린다고 한다. 어쩌면 이것은 평생을 견고하게 맞물려 돌아갈 관계의 필수조건인지도 모른다. 포기라고 해서 자신을 버리라는 얘기가 아니다. 내가 넘치는 부분을 비워내고 상대방의 모자란 부분을 채우라는 이야기다. 하나보다 둘이 낫다고, 아무리 험한 길이라도 둘이 함께하면 걸을 만한 것이 결혼생활이라고 생각한다.

진짜는 다음 선택이다. 인생의 가장 큰 변화는 결혼이 아닌 출산이기 때문이다. 많은 사람들은 출산을 결혼이라는 큰길 사이의 갈림길 정도로 여기지만, 출산이야말로 한번 들어서면 돌아갈 수 없는 운명의 길이다. 이 길로 들어서는 순간 모든 것이 달라진다. 그동안 살아왔던 습관과 세워두었던 계획을 모두 수정할 만큼 강력한 영향력을 가진 길이다. 길 위에서 만나는 사람도 바뀌고, 길 위에 서 있는 나의 모습도 바뀐다. 그러니까 이 길은 꽃이 만발한 진흙길이다. 한 걸음 내딛기가 조심스러운 길이지만 말할 수 없이 향기로운 길이기도 하다.

문제는 남편들이다. 함께 방향전환을 해야 하는데, 똥 마려운 강아지처럼 자꾸 큰길에서 서성이고 있다. 저 멀리 떨어져 있으니 흙탕물 바닥만 보이고 향기는 맡지 못한다. 물론 이해한다. 그들이 뭘 알겠는가? 몇날며칠 멀미 나는 기분으로 울렁대며 살아보길 했겠는가, 괄약근 조절이 안 돼 만원 지하철에서 방귀가 새보길 했겠는가? 커다랗게 부푼 몸으로 앉고 서기조차 힘들어해보지도 않았고, 새 생명 탄생을 위한 찢어지는 고통도 없었다. 우리처럼 새로운 길에 들어서기 위한 워밍업이 없었던 사람들이라는 걸 이해해야 한다. 하지만 그들도 새로운 길에 합류해야만 한다. 철벙대는 진흙길을 걷는 엄마들을 위해 모래를 뿌려 단단하게 다져줄 사람이 아빠가 아니면 누구겠는가? 그렇게 함께 걷다보면 즐거움도 느끼고, 그러다보면 길 위의 아름다움도 발견하게 되지 않을까?

　이런저런 인생의 길들을 이해하기 위해 가끔은 길 위의 여행자가 되곤 한다. 그렇다고 거창한 여행지를 찾는 것은 아니다. 들어가 머물 장소를 정하지 않고, 걸을 수 있는 시내 어딘가로 향하는 것이다. 그렇게 익숙한 풍경에 몸을 맡기고 시간을 보내면 가끔은 선물처럼 새로운 무언가를 발견하기도 한다. 아이와 앉아 쉬던 벤치가 그냥 벤치가 아니고, 누군가의 장난이라고 생각했던 벽그림이 예사 그림이 아니기도 하다. 쉽게 지나치던 건물 앞 조형물도 유명 작가의 작품일 경우가 있고 공사장 가림막도 예술작품이다.

　그렇게 길 위의 아름다움과 조우하다보면 인생도 별게 아니라는 생각이 든다. 내가 선택한 길에서 공사장을 만날 수도 있지만 훌륭한 가림막을 감상할 행운이 있을 수도 있는 것이다. 선택하지 않은 길이 깔끔해 보일 수도 있지만 막상 가보면 황량할 수도 있는 것이고. 그러니 엄마 혹은 아빠 들이여. 두려워하지 말자. 우리의 분신으로 시작된 갈림길 너머에는 분명 보물이 숨겨져 있을 것이다.

　길 위의 보석을 찾기 위해 주로 찾는 곳은 종로와 삼청동 일대이다. 이름을 불러줬을 때 꽃이 됐듯, 이곳 구석구석에는 의미를 알아야 비로소 예술이 되는 공공미술들이 즐비하다. 늘 드나들던 그곳에 누군가의 예술작품이 놓여 있다는 것은, 그날의 만남이 아니었다면 몰랐을 것이다. 유행가

가사처럼 바람이 몹시 불던 날이었다.

책을 사려고 서점에 들렀다 잊고 지내던 선배와 오랜만에 마주쳤다. 반가운 마음에 광화문 어디쯤에 있는 카페에서 차를 한잔했다. 서로의 안부와 만남을 계속하고 있는 주변인들의 근황을 주고받았다. 우연히 만난 사람들이 그렇듯, 대화는 진전 없이 겉돌았고 이내 자리를 떴다. 마침 같은 방향으로 가야 하는 우리는 집에 가려고 길을 건너 버스정류장으로 향했다. 흥국생명 앞이었는데, 커다란 거인이 느리지만 열심히 망치질을 하고 있었다. '신기하다'라고 한마디하자 선배는 기다렸다는 듯

이야기를 늘어놓았다. "저 거인 이름이 〈해머링 맨〉이야. 미국의 설치미술 작가인 조너선 보로프스키의 작품인데, 〈해머링 맨〉은 미국의 댈러스, 시애틀에도 있고 프랑크푸르트, 베를린, 스위스 바젤에도 있다는군. 세계 각국에 흩어져 있는 해머링 맨들은 각자의 나라에서 1분에 한 번씩 열심히 망치질을 하고 있다지. 현대 노동자의 고독과 노동의 보편성을 상징한다나." 그날 선배는 잘난 척하던 예전 그대로의 모습이라 하기엔 어딘지 쓸쓸해 보였다.

집으로 가는 버스가 왔지만 탈 수 없었다. 버스를 보내고서야 우리는 진짜 대화를 나눴다. 두 아이의 엄마인 그녀는, 이곳을 지날 때마다 마치 자신을 보는 것 같아 한참을 머문다고 했다. 쳇바퀴 도는 듯한 일상, 쉬지 않고 살림을 하지만 모두들 늘 제자리를 지키는 조형물인 양 자신을 대한 다며 한숨을 쉬었다. 그러면서 어느 날 커다란 몸집으로 망치를 두드리는 〈해머링 맨〉을 바라보며 자기 자신만큼은 그 의미를 알아주고 바라봐줘 야겠다고 생각했다고 한다.

집으로 돌아오는 내내 어딘지 허전해 보이는 선배의 눈빛이 잊히지 않 았다. 언젠간 나도 스스로를 '해머링 맨'이라고 생각할 날이 올까? 그날 이후 거리의 예술품들에 관심을 갖게 됐다. 작은 것이라도 의미를 품고 탄생한 것들이라면 알아봐주고 싶었다. 그렇게 관심을 갖고 찾아낸, 함께 숨 쉬는 길 위의 예술 작품들을 만나려 한다. 마침 오늘은 구름이 살짝 하 늘을 가렸다. 다행이다. 오늘만큼은 그들이 화창한 햇살을 제치고 주인공 이 될 수 있겠다.

공 공 미 술
삼 매 경

삼청동으로 가는 길은 경복궁역을 이용하는 게 제일 낫다. 경복궁과 연결되어 있는 5번 출구로 나가는 것이 가장 빠른 지름길이다. 하지만 유모차를 가지고 나온 덕에 엘리베이터를 이용한다. 시청역과 같은 둥근 유리 엘리베이터에서 내리니 작은 길을 사이에 두고 경복궁 담이 보인다. 어렵지 않게 건널목을 건너 경복궁 담을 지난다.

아직은 광화문 복원공사 중이다. 현장 가설울타리에 사용된 가림막도 공공미술의 하나다. 설치미술가 강익중의 〈광화에 뜬 달〉이라는 제목의 어엿한 예술작품이다. 작가가 6개월간 만들었다고 한다. 아름다운 색감의 그림은 이미 그 자체로 명물이 되어, 가림막을 배경으로 사진을 찍는 외국인들도 눈에 띈다. 2009년 말 공사가 완공되면 이제 사진 속에서만 볼 수 있는 예술품이라고 생각하니 다시 한번 돌아보게 된다. 담 끝에 다다르니 교차로가 보인다. 그 앞 자동차들이 선착순 달리기라도 하듯 빙글빙글 중심을 잡아 유턴을 하는 작은 섬 같은 옛 건물이 있다. 경복궁 궁궐의 망루였던 동십자각이라고 하는데, 지금은 궁에서 떨어져나와 교차로에서 중심을 잡고 있다.

동십자각을 뒤로 하고 길게 뻗은 경복궁의 옆 담장을 따라 걸어간다. 차도보다 인도가 넓은 길을 걸으니 어느 때보다 여유롭다. 사람이 주인이 된 길은 그래서 더 호젓하고 아늑하다. 길 건너편에 국제갤러리가 보인다. 갤러리 지붕 위에는 여전히 빨간 티셔츠에 청바지를 입고 열심히 걷는 발랄한 아가씨가 있다. 이 또한 〈해머링 맨〉을 만든 조너선 보로프스키의 작품이다. 아이에게 알려주려고 아무리 손가락으로 아가씨가 있는 곳을 가리켜도 아이는 보지 못한다. 손끝이 닿는 곳을 정확히 짚어보기엔 아직 어리기 때문일까? 그저 허공만을 응시하며, "구름! 구름!"을 외치고 있다. 길을 건너기 전에 아이를 번쩍 안아 무등을 태우고 다시 한번 보라고 한다.

드디어 여인의 모습을 발견한 아이는, 저 아줌마는 왜 지붕 위를 뛰고 있을까 어리둥절한 모습이다. 아이의 맑은 눈은 모든 것에 생명을 불어넣는다. 조너선 보로프스키는 1995년 국제갤러리에서 전시 중이던 이 〈하늘을 향해 걷는 여자〉를 기증했다. 덕분에 우리는 혼자여도 외롭지 않게 삼청동을 드나들 수 있게 됐다. 언제나 씩씩한 빨간 티셔츠의 아가씨를 바라보며 길을 건너 삼청동 입구로 향한다.

오래된 북카페인 '진선 북카페'는 세월을 멈춰 세운 듯 그대로이다. 이제 삼청공원까지 풍만한 S자형 거리를 걸으며 또다른 거리의 예술품을 찾아내려 한다. 도로는 어느새 좁아지고 유모차는 오가는 사람들에게 미안한 존재가 됐다. 그래도 누구 하나 찌푸리지 않고 요령 있게 길을 오간다. 다른 곳에 비해 오래도록 옛것이 머무르는 공간답게 모두들 시간에 너그럽다. 예스러운 거리에 현대적인 개성을 조합한 독특한 매력의 장소. 좁은 도로를 사이에 두고 옹기종기 늘어선 단층건물들은 시공을 뛰어넘은 듯하면서도 또한 묘하게 현대적인 정취를 풍긴다. 목적이 있는 나들이지만, 잠시 거리만의 매력에 빠져든다. 삼청(三淸), 산과 물 그리고 사람의 마음마저 맑아진다 하여 붙여진 이름이라는데 과연 지금까지 그 이름값을 한다.

232

233
공 공 미 술
삼 매 경

우리는 우선 정독도서관으로 향한다. 이제 골목골목 숨은 작품들을 만나러 갈 시간이다. 서울 도시갤러리 프로젝트의 하나로 삼청동이 지목되어 '인사이드 아웃사이드'라는 주제로 곳곳에 많은 작품들이 들어섰다. 여기저기 숨어 있어 술래가 된 듯 작품을 찾아나서야 하는데, 친절하게도 정독도서관 앞 인포메이션 센터에 팸플릿이 준비되어 있다. 골목 지도를 받아들고 그냥 걷기 시작한다. 순서대로 찾아가는 건 더 힘든 일일 것 같아 발길 닿는 대로 쏘다니며 작품을 만난다. 정말 보물찾기라도 하듯 팸플릿 속 작품을 만날 때마다 탄성이 나온다.

특히 서울 맹학교 학생들이 제작한 〈만지는 삼청동 지도〉는 아이에게 인기 만점이다. 시각 장애를 또다른 창의적 가능성으로 바라보는 일을 목표로 만든 작품이라는데, 감각이 살아 있는 아이에게 그 어떤 것보다 기억에 남는 작품이 됐다. 손가락으로 점을 이어보기도 하고, 동그라미 세모 도형놀이도 하고 올록볼록 재미있는 벽 앞에서 우린 한참을 서 있었다. 다시 숨은그림찾기를 하며 걷다보니 벽화골목이 나타난다. 아늑한 소파와 서랍장, 무심한 듯 창가에 서 있는 한 마리 고양이의 모습, 그림 속으로 들어가고 싶은 〈삼청동 옛 지도〉 등이 보인다.

미로 같은 골목을 나오니 건너편에 단골집이 눈에 띈다. 삼청동 중간쯤 자리한 '북카페 내서재'는 동네 구멍가게처럼 안부 나눌 정도는 아니지만, 익숙하게 마음 놓고 갈 수 있는 단골집이다. 다행히 야외 테이블이 비어 있다. 혼자라면 실내로 들어가 조용히 시간을 보내겠지만, 아이가 있을 때는 날씨만 협조해준다면 야외를 택한다. 그래야 다른 사람들의 소중

경복궁
BOOKCAFE 내서재
BOOKCAFE 내서재
미시령 노을
이성선

나뭇잎 하나가

아무 기척도 없이 어깨에
툭 내려앉는다
내 몸에 누구가 손을 얹었다

너무 가볍다

송수권·이성선·나태주, 『별 아래 잠든 시인』, 문학사상사, 2001.
차가 서 있는 것
보다는 사람이
다니는게 더 좋겠죠?
커피마시고가렴
inside
outside

한 시간을 방해하지 않을 수 있다. 아이가 마실 주스 한 잔을 주문하고 푸른 빛깔의 고운 책장에서 화집 몇 권을 꺼내온다. 글을 모르는 사람도 마음으로 읽을 수 있는 책이다. 아이는 클림트와 모네의 그림을 동화책 넘기듯 재미있게 본다. 잠시 휴식을 취하고 나니, 아이는 갓 딴 채소처럼 금방 싱싱해졌다. 우리는 다시 삼청동 거리를 걷는다. 지도 속의 이름이 붙은 공공미술과 그 자체로 예술이 되는 삶의 모습을 함께 만나며 우리도 그 일부가 된다.

여러 갈래만큼 많은 의미를 담은 길은 이 시대 예술과 삶이 비로소 소통하는 공간으로 거듭났다. 시간이 된다면 길 위에 숨어서 나타나는 아름다운 작품을 볼 기회를 갖자. 그리고 지금 선택한 길에 대한 기대를 버리지 말자. 걷다보면 언젠가, 아름다운 그림 한 장 볼 수 있을 것이다. 🌷

✿ 금천구 독산3동 벽화

금천구 독산3동은 2008년 살고 싶은 도시 만들기 시범마을로 지정되어 문화마을 만들기 사업을 추진하고 있는 마을이다. 이곳에는 이름 있는 예술가가 아닌 주민이 주체가 되어 만든 공공미술작품이 있다. 바로 영남초등학교 앞 담장에 그려져 있는 벽화가 그 주인공이다. 이 벽화는 학교 어린이들이 '내 친구의 집은 어디쯤일까'를 상상하며 만든 대형 동네지도라고 한다. 꿈속의 지도와 같은 모습은 동심의 세계로 빠져들게 한다. 가까운 어린이 놀이터에는 삼각기둥에 알록달록한 그림을 그려넣은 '아트펜스'가 있는데, 삼각기둥의 3개 면에는 동네 어린이와 전문 작가가 함께 그린 그림이 있다. 기둥을 돌리면 세 가지의 조각그림이 회전하는 퍼즐이 돼, 아이들은 담장을 장난감처럼 가지고 논다. 이처럼 공공미술은 우리의 생활이 되어가고 있다. 모르고 있는 사이 우리 동네에도 근사한 공공미술 작품이 생긴 것은 아닐까 찾아봐도 좋겠다.

♥ 이화동 예술거리 – 공공미술 낙산 프로젝트

혜화역에서 방송통신대학을 지나 낙산공원으로 가는 500여 미터의 길은 거리 자체가 추억이고 예술이다. 서울의 몽마르트르 언덕이라 불리는 낙산공원이 진정한 예술과 문화의 장이 된 것이다. 새가 날아다니는 계단과, 꽃이 만발한 계단, 알록달록 재미있는 벽화와 간판 하나, 표지판 하나까지 신경 써 꾸몄다. 정겨운 골목은 마치 영화 세트장인 양 멋지기까지 하다. 길의 좌우에 있는 벽화, 조각, 설치작품, 공공표지판 등 다양한 공공미술의 향연에 눈을 뗄 수 없다. 낭만을 찾고 싶다면 혜화동으로 떠나보자.

Point
Space 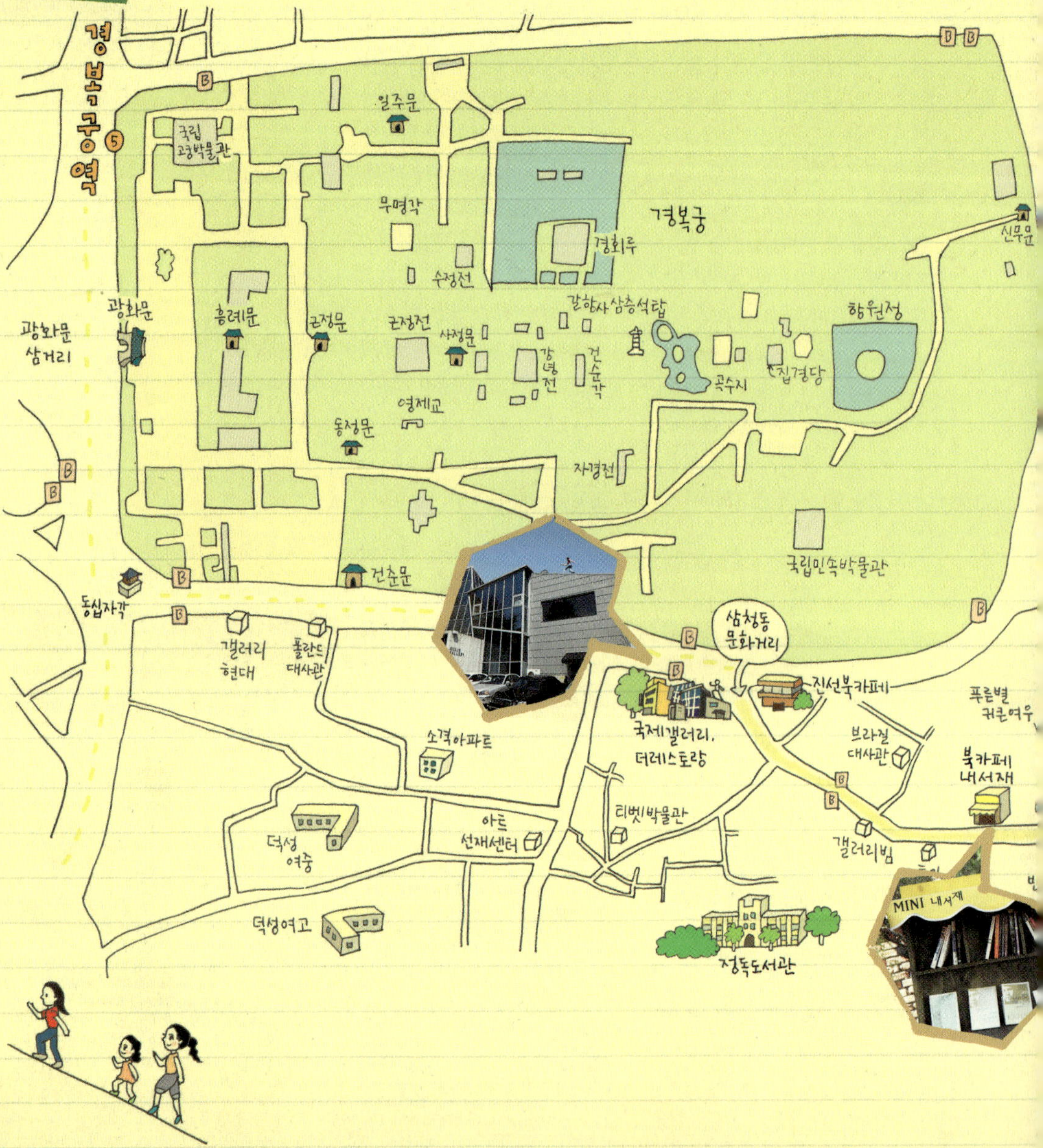
경복궁역
5
국립
고궁박물관
일주문
무명각
경회루
경복궁
수정전
신무문
광화문
삼거리
광화문
흥례문
근정문
근정전
사정문
갈항사 삼층석탑
향원정
강녕전
건순각
곡수지
집경당
영제교
동정문
자경전
국립민속박물관
건춘문
동십자각
삼청동
문화거리
갤러리
현대
폴란드
대사관
진선북카페
푸른별
커튼여우
국제갤러리,
더레스토랑
브라질
대사관
북카페
내서재
소격아파트
티벳박물관
갤러리빔
아트
선재센터
덕성
여중
MINI 내서재
덕성여고
정독도서관

아는 만큼 보이는 것이 공공미술입니다. 제대로 보기 위해서는 더 많은 정보가 필요할 텐데요. 서울시 도시갤러리 프로젝트 사이트 (www.citygalleryproject.org)에 가면 최근 제작된 공공미술작품의 설명이 나옵니다. 떠나기 전에 참고하면 좋아요. 그리고 삼청동은 경복궁역으로 가는 게 제일 좋아요. 유모차가 없다면 경복궁과 바로 연결되어 있는 5번 출구로 나가면 됩니다. 하지만 유모차가 있다면 저처럼 엘리베이터를 이용하세요. 작은 건널목만 건너면 바로 경복궁이니 쉽게 갈 수 있을 거예요. 승용차를 이용한다면 경복궁 주차장에 차를 세우는 게 좋겠죠. 하지만 관광객들로 늘 붐비기 때문에 차도 위에서 시간을 보내고 싶지 않다면 서두르세요. 주차요금은 2시간에 2,000원이고 15분마다 500원씩 추가되니까 참고하세요. 아마 많은 분들이 거기까지 갔으니 경복궁도 둘러봐야지 할 거예요. 그런데 경복궁은 생각보다 넓고, 오랜만에 널찍한 공간을 만난 아이들은 분명 뛰어놀게 될 겁니다. 그러면 금방 지치고 두번째 코스로 넘어가기 힘들어질 수 있어요.

만약 삼청동을 목표로 나오셨다면 과감하게 경복궁은 지나쳤으면 해요. 그리고 식사는 삼청동 일대에 먹거리가 많으니 걱정 안 해도 돼요. 유명한 '삼청동수제비'에서 수제비와 감자전을 먹는 것도 좋고요. 국물이 진해서 아이들도 좋아해요. 또 요즘은 프랜차이즈 분식집도 들어서고, 도넛 가게도 생겨서 가볍게 요기할 만한 곳이 많으니 아이가 먹고 싶어하는 걸로 골라먹는 것도 좋겠죠. 예산이 넉넉하다면 맛있는 와플 가게에서 별미를 맛보는 것도 기분 좋은 나들이가 되는 방법이에요. 삼청동은 그리 크지 않고 골목 사이사이 숨은 재미가 많으니까요, 한 번에 다 보겠다는 욕심 버리고 여러 번 나눠 가도 질리지 않을 거예요.

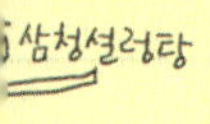

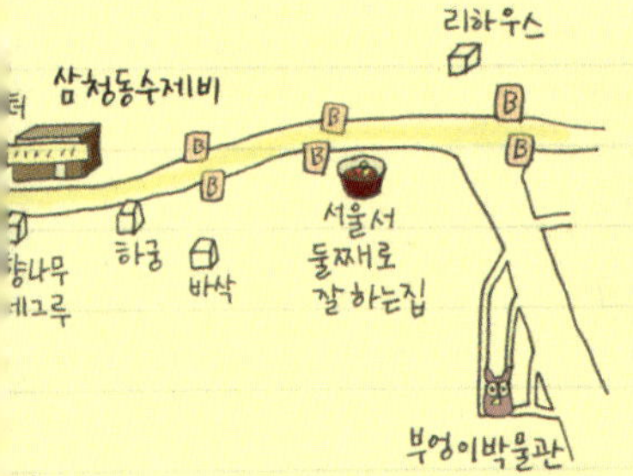

용산가족공원, 어린이 도서관,
신세계 백화점 본점,
동대문 평화시장, 홍대 앞 카페,
어린이대공원, 실내 놀이터 티오비보

온몸이 즐거운 공원

용산가족공원

아이들은 새로운 세상에 빨려들어 가듯 공원 안쪽으로 사라진다.

놓쳐서는 안 될 것처럼 우리도 서둘러 안으로 들어간다.

작은 주차장을 지나니 공원이다.

아이는 유모차에서 빨리 내려달라고 난리다.

초록은 그렇게 사람을 어쩔 줄 모르게 하는 힘을 가진 것 같다.

유치원도 명문을 찾는 시대다. 유년기부터 인맥을 쌓기 위함이란다. 그렇게 쌓인 인맥이 성공의 거름이 된다고 믿는 모양이다. 물론 성공의 잣대가 무엇이냐에 따라 그럴 수도 있겠다. 하지만 내가 생각하는 성공은 인맥과 무관하다. 지극히 주관적으로 생각하는 성공한 인생이란 배려하고 만족하면서 즐기는 것이다. 아무리 높은 자리에 오르고, 선망의 대상이 된다 한들 탐욕만 가득하고 평생 물질만을 좇는다면 그것이 무슨 성공일까. 그래서 아이에게 주고 싶은 것이 하나 있다면, 다른 무엇도 아닌 생각할 수 있는 환경이다.

깊이 생각하면 실수가 적다. 그 반대의 인생을 살아왔기에 잘 안다. 다혈질, 뒤끝 없는 성격. 다른 사람들이 정의하는 나의 모습이다. 저 두 성질이 발현되는 상황에 대해 자세히 설명하면 이렇다.

1단계, 어떤 상황에 접했을 때 머릿속이 하얘지고 생각이 없어진다.

2단계, 화풀이할 대상을 찾는다(주로 신랑이다. 미안하다, 사랑한다).

3단계, 머리와 가슴을 거치지 않고 입에서 나오는 대로 바로 말한다.

4단계, 후련한데, 찜찜하다.

5단계, 뭔가 잘못된 것 같지만 고민하기 싫다, 그냥 잊는다.

이런 식이다. 뒤끝이 없는 게 아니라, 생각 없이 행동한 것을 알면서 피하려고 모르는 척하는 것이다.

부끄럽지만 이런 일이 아주 비일비재하다. 그래서 나는 아이가 생각하고 말할 줄 아는 사람이 되길 바라는데, 아직 모르겠다. 만 3년을 살았으면서 가끔 30년 넘게 산 나의 내공을 찜쪄 먹을 정도의 깔끔한 뒤끝을 자랑하기 때문이다. 엄마의 행동을 그대로 모방하며 압축 성장을 하는 것 같아 가슴 아프다. 소울이마저 다혈질, 뒤끝 없는 성격이라면 가운데 낀 우리 신랑은 어쩌나 걱정도 된다(만약 그리 된다면 정말 미안하다, 사랑한다).

물론 이런 성격들은 예전만 못하다. 긍정적인 방향으로 변화한 것이니, 못하다는 표현이 아니라 전보다 나아졌다고 해야겠다. 내 인생의 모든 것이 그러하듯, 한 번 더 생각한 다음 행동하고 말하게 된 터닝포인트도 출산이었다.

사실 아이를 낳기 전에는 생각 없이 뱉어내는 말의 홍수를 만들어왔다. 특히 아이엄마들에게 가혹할 정도로 냉정했다. 레스토랑에서 아이가 떠들면, 잊지 않고 눈을 흘겼다. 대충 머리를 질끈 묶고 화장기 없는 얼굴에 멋 내지 않은 엄마들을 보며 수군댔다. 왜 저렇게 사는지 모르겠다고, 이해가 안 간다며 떠들었다. 그런데 막상 내가 엄마가 되니 아이를 키우는 일이 녹록지 않았다. 우선 아이가 불편하지 않도록 끊임없이 관심을 가지고 돌봐줘야 하기 때문에 자기 시간을 갖기 힘들었다. 외출이라도 한번 할라치면 아이 짐 꾸리고 씻기고 먹이고 입히느라 진이 다 빠져 정작 나는 세수만 대충대충 하고 나가기 일쑤였다. 그뿐인가, 어쩌다 차려입고 집을 나서도 아이는 오랜만에 입은 고운 옷에 침을 묻히고 코를 닦고, 가끔은 토하기도 했다. 결국 어쩔 수 없이 가장 빨기 쉽고 입기 쉬운 옷들을 선택하게 됐다. 게다가 나는 체질도 이상해서 먹지 않으면 젖이 돌지 않았다. 남들은 모유 수유만으로도 살을 뺀다던데, 나에게 모유 수유는 몸 불리는 운동과 다를 바 없었다. 그 와중에 체중조절을 하겠다며 산후체조를 해도 아이를 안으면 팔에는 울퉁불퉁한 근육이 생겼다. 또 매달리다시피 안겨 있는 아이가 편안하게 기댈 수 있게 배를 내밀다보니 바지 바깥으로 군살이 비어져나올 수밖에 없었다. 그것이 현실이었다. 그런데 내 세 치 혀가 무슨 짓을 했던 것인가? 애 낳더니 변했다며, 여자이기를 포기했나보다며 함부로 지껄였던 것이다.

시간을 돌릴 수 있다면 다 주워 담아 꿀꺽 삼켜버리고 싶었다. 엄마들이 화장기 없는 얼굴로 단화에 티셔츠를 입고 머리를 질끈 묶고 다니는 이유는 바로 아이였다. 스스로를 사랑하지 않아서가 아니라, 내 아이를 더 사랑하기 때문이었던 것이다. 욕심이지만, 나는 아이가 나보다 진화된 인간이기를 바란다. 굳이 경험하지 않더라도 다른 사람을 헤아릴 줄 아는 심성을 지녔으면 한다. 어쩌면 이 바람은 모든 엄마들의 소망일 것이다. 이 소망을 이루기 위해서는 '인맥'보다 중요한 것이 '생각할 수 있는 환경'이 아닐까. 소망이 소망에서 그치지 않기 위해 나는 자주 공원을 찾는다. 뛰어놀 수 있고, 바람을 맞으며 책을 볼 수도 있다. 우리는 함께 지나는 사람을 바라보기도 하고, 누워 하늘을 보며 흘러가는 구름을 보기도 한다. 과연 아이가 '생각'이라는 것을 할지는 모를 일이다. 하지만 한 가지 확실한 건 공원에서 아이는 늘 행복해 보인다는 것이다.

온몸이 즐거운
공   원

준비할 것이 많다. 늘 분주하다. 먹을 것 외에도 챙길 것이 많다. 그래서 공원 가는 길은 묵직하다. 잊지 않고 챙기는 책들 때문에 더 그렇다. 공원 나들이 때는 아이 동화책을 넉넉히 여러 권 넣는다. 어차피 아이에게 책을 읽어주다보면 내 차례까지 돌아오지 않지만, 간혹 아이가 시원한 바람을 못 이기고 잠이라도 자줄 경우를 생각해 내 것도 한 권 챙긴다. 내 집 앞마당이 아니라 조금 어수선하지만 그래도 푸른 잔디 위에서 읽는 책의 매력을 알려주고 싶다. 비눗방울도 챙기고 커다란 수건도 한 장 챙긴다. 아이가 갑자기 잠들면 깔개나 이불로 써도 되고, 생각지도 못한(물에 빠진다거나 젖는 등) 사고에 대비할 수 있는 일석삼조의 아이템이다.

무거운 유모차를 밀면서 다짐한다. 꼭 마당 있는 집으로 이사 가야지. 우리 부부의 최종 목표는 마당 있는 집을 구해 평생 사는 것이다. 일이나 육아, 경제적인 문제로 아직 실행에 옮기지 못하지만 언젠가는 꼭 그리할 것이다. 당장 이루지 못하지만 생활에 윤기를 주는 작은 꿈이다. 가끔 사는 게 팍팍하다 싶으면 집 앞 사거리 로또 명당에서 5,000원어치 숫자가 적힌 종이를 받는다. 그걸 들고 집으로 와 기다리는 며칠 동안 우리는 머릿속에 집을 짓곤 한다. 정갈한 책장이 눈에 띄는 서재, 아늑한 지하의 AV룸, 보헤미안 스타일의 게스트룸, 작은 무대가 있는 아이의 방, 언제든 한잔할 수 있는 작은 바, 맥주가 가득 쌓인 식량 창고를 이리 놓고 저리 놓고 하다보면 즐겁다.

아이가 어질러놓은 장난감에 걸려 넘어지면 상상 끝 현실 시작이지만, 한동안은 치워봤자 티도 잘 안 나는 좁은 집이 밉지 않다. 어쨌거나 공원은 은하수처럼 현실과 꿈 사이를 이어준다. 짐도 많고 힘도 들지만 기꺼이 찾을 수밖에 없는 매력이 넘친다. 오늘 행선지는 용산가족공원이다. 지하철을 갈아타야 하지만, 이름난 공원 중 제일 좋아하는 곳이다. 용산가족공원의 매력은 다른 곳에 비해 아담하다는 데 있다. 야트막한 언덕 아래로 펼쳐진 아기자기한 모습은 앞마당처럼 푸근하다. 이곳저곳 공원이라면 제법 다녀보았는데, 아이와 함께 지내기에는 크지 않은 곳이 제일이다. 너무 넓은 곳은 동선이 길어 불편하기 때문이다. 화장실 한 번 가는 데 한참, 마실 물이 떨어져 사러 가는 데 한참이면 쉬지도 못하고 금세 지친다. 때문에 가장 좋은 곳은 집 앞 근린공원이라고 생각한다. 하지만 나들이 기분 내고 싶고, 사람들한테 덜 치이는 곳을 원한다면 용산가족공원이 제격이다. 공원 나들이 후에 다른 무언가를 하기는 힘들지만, 에너지 넘치는 엄마들이라면 가까이 있는 국립중앙박물관이나 극장 '용'을 둘러볼 수도 있다.

지하철을 빠져나와 국립중앙박물관을 지난다. 슬쩍 곁눈질을 해보니 한가하지만 사람들의 발길이 끊이지 않는다. 궁금하기도 하지만 오늘의 목적지인 공원을 향해 발걸음을 옮긴다. 갑자기 소란스러워져 뒤를 돌아보니, 소풍을 가는 듯 초등학생 아이들이 줄맞춰 걷고 있다. 아무래도 아이들이 우리보다 빠를 듯싶어 길 한편으로 자리를 비켜줬다. 언니 오빠라면 무턱대고 호의를 표하는 소울이는 아이들이 지나가는 모습을 보는 것만으로도 기분이 좋다. 소울이는 소란한 아이들을 뒤따라 걷기 시작한다. 이내 용산가족공원 푯말이 보이고, 아이들은 새로운 세상에 빨려들어가듯 공원 안쪽으로 사라진다. 놓쳐서는 안 될 것처럼 우리도 서둘러 안으로 들어간다. 작은 주차장을 지나니 공원이다. 아이는 유모차에서 빨리 내려달라고 난리다. 초록은 그렇게 사람을 어쩔 줄 모르게 하는 힘을 가진 것 같다. 아이를 내려주기 전에 나는 입구에 서서 공원을 죽 둘러본다.

　용산가족공원은 그렇다. 가만히 서서 시선을 왼쪽에서 오른쪽으로 돌리면 한눈에 담을 수 있을 정도다. 물론 언덕 너머 국립중앙박물관과 연결된 숲길, 광장까지는 보이지 않는다. 하지만 우리가 오늘 휴식하고 뛰어놀 만큼의 공간은 미리 눈여겨볼 수 있다. 유모차에서 아이를 내려주고 손을 잡고 걸으니 새삼 유모차가 고맙다. 바깥세상 구경에 용기를 낼 수 있었던 것도 다 유모

차 덕이다. 아이 키우면서 어떤 면에서는 자동차보다 더 쓸모 있는 것이 유모차가 아닌가 싶다. 어디든 갈 수 있고, 어느 곳에나 주차 가능한 탈것이니까.

지금 쓰고 있는 유모차는 소울이의 두번째 애마다. 첫번째 유모차는 지금 유모차보다 바퀴가 몇 배나 더 큰 디럭스형이었다. 요즘 엄마들 모두 그렇겠지만, 유모차 고르는 것은 출산준비 중 가장 신경 쓰이는 부분이었다. 여타 용품에 비해 가장 비싼 품목이라 단번에 결정하기 힘들기 때문이다. 신랑과 나는 삼일 밤낮을 비교하고 고민해 유모차를 결정했다. 첫번째 생각한 기준은 안전이었다. 갓난아이가 탈것이므로 튼튼해야 한다는 것이 이유였다. 두번째는 손잡이가 높았으면 하는 것이었다. 다른 엄마들에 비해 키가 큰 편이라 이왕이면 허리 펴고 편하게 다닐 수 있었으면 했다. 마지막은 디자인이었다. 특별하지만 튀지 않기를 바랐다. 나름 조건에 맞는 유모차를 겨우 찾았는데 가격이 만만치 않았다. 그렇지만 그때 훨씬 더 비싼 수입브랜드 유모차가 출시되면서 상대적으로 살 만하다는 생각이 들었고, 결국 시쳇말로 질렀다. 비싸게 주고 산 유모차는 확실히 좋았다. 등받이가 180도로 젖혀져 작은 간이침대로 사용할 수도 있었고, 분리해 아기바구니로 쓸 수도 있었다. 엄마와 아이가 눈 맞출 수 있는 양대면 기능도 되고, 핸들링이 얼마나 좋은지 부드럽게 밀리는 감이 일품이었다. 게다가 끌고 다니면 은근히 시선을 받기도 했다. 그런데 너무 무거웠다. 힘 하면 빠지지 않는 내가 차 트렁크에 옮겨실을 때마다 끙끙거렸다.

결국 웬만한 거리는 아기띠로 해결하고, 공공장소에서는 대여 유모차를 사용했다. 등받이도 젖혀지고, 아기바구니도 되고, 양대면 기능에 핸들링 죽이는 비싼 유모차는 놀이터 전용 유모차가 된 것이다. 멋들어진 중형 세단을 뽑고 마트만 왔다 갔다 하는 형국이었다. 안 되겠다 싶어 아이가 걸음마를 뗐을 때, 중형 세단 유모차는 중고 시장으로 팔려갔다. 그러고 나서 새로 장만한 유모차가 지금의 것이다. 두번째 유모차를 사면서 생각한 것은 오직 하나였다. 엄마 혼자 이동 가능하며 가볍고 또 가벼울 것. 그렇게 택한 지금의 유모차는 한 손으로 번쩍번쩍 들기 좋고, 접어서 어깨에 메면 거치적거리지 않아 최고다. 그야말로 가고 싶은 곳은 어디든 갈 수 있다.

어른 말 들으면 자다가도 떡이 생긴다고, 엄마가 돌 지나거든 사지 뭘 미리부터 사냐고 하시는 걸 귓등으로 흘려듣는 게 아니었다. 나도 이제 아이 키워본 선배랍시고, 요 근래 아이를 낳은 친구들을 만나면 비싼 유모차 사지 말라고 얘기한다. 신생아 때 잠깐이고 어차피 아이 무게 견딜 수 있을 때는 아기띠를 이용하면 되니, 조금 기다렸다가 가지고 다니기 수월한 가벼운 유모차를 구입하는 것이 여러모로 효과적이라고.

잠시 딴생각에 빠져 있는 사이, 아이도 한참 동안 연못을 바라본다. 동화 속 그림처럼 단정하게 정리된 울타리를 지나, 버드나무 가지를 흔드는 바람을 따라 걷는다. 커다란 손 조각작품 뒤쪽으로 갈까? 우리 가족이 모두 누워 자도 자리가 남을 것 같은 커다란 나무 벤치 뒤로 갈까? 인상적인 손 조각작품은 프랑스 조각가 에드워드 소테의 작품이다. 작품명은 〈손으로 만든 손〉으로, 미군 골프장으로 사용됐던 용산가족공원을 한국인 손으로 품고 있는 모습을 형상화했고, 한국의 전통적인 흑기와를 사용해 아름다운 자연을 보호하자는 뜻을 담았다고 한다. 또 아이들이 어울려 올라타기 바쁜 커다란 벤치도 공원을 대표하는 설치미술작품 중 하나이다.

커다란 벤치의 이름은 말 그대로 〈커다란 벤치〉다. 국민의 품으로 돌아온 용산기지의 공원화를 상징적으로 표현했고, 등판에 함께 매달린 귀여운 부조들은 풍요롭게 펼쳐질 공원의 모습을 그림으로 표현한 것이라고 한다. 벤치가 만들어지고 근 10여 년의 세월이 흐른 지금, 풍요로운 공원의 모습과 어느 정도 닮은 부조들이 친근하다. 이 커다란 벤치 뒷면엔 계단을 놓아 아이들이 오르내릴 수 있어 공원 내 인기 만점 아이콘이 됐다. 벤치에서 노는 것도 즐겁고 벤치 가까이 화장실도 있지만 나는 반대편 손 조각작품 쪽으로 걸음을 옮긴다. 편히 누워 책도 읽고 밥도 먹기에 그쪽이 훨씬 한갓지기 때문이다.

나무 그늘이 좋은 곳으로 자리를 잡고 앉자마자 아이는 비눗방울을 꺼내라고 성화다. 뭐가 그리 재미있는지 할 때마다 표정이 상기되는 아이.

똑같은 자리에서 불과 몇 달 전 불어주는 비눗방울을 잡느라 뒤뚱거리던 아이가, 언제 그랬냐는 듯 스스로 '후' 바람을 불어 방울을 만든다. 언제 보아도 경이로운 아이의 성장. 잔디를 뛰어다니며 비눗방울 놀이를 하다 보니 출출해진다. 준비해간 먹을거리를 펼치고 배를 채운다.

아이 낳기 전에는 혼자 공원에 오면 간단하게 샌드위치로 때우곤 했는데, 꼬맹이도 일행이라고 둘이 마주 앉으니 이것저것 먹는 것도 즐겁다. 바람 쐬며 먹는 밥이 아이도 맛있는지, 남기지 않고 잘 먹는다. 기분 좋게 배를 채운 우리는 잠시 쉬며 주거니 받거니 동요를 부르며 소화를 시킨다. 이젠 나도 제법 선수가 다 되어서 웬만한 동요는 줄줄 외우게 됐다. 노래가 끝나고 우리는 가져온 동화책을 꺼낸다. 집에서 읽던 책이지만 오늘만큼은 그림도 하나하나 짚어가며 설명해주고, 그림을 보고 색깔 맞히기도 하고, 주인공을 주어로 이야기도 만들어보는 등 한 장 한 장을 쉽게 넘기지 않는다. 그렇게 읽다보면 평소 5분이면 다 읽던 책을 만화영화 보듯 20여 분 동안 읽을 수 있다. 책을 읽으며 파란 하늘을 이불 삼아 잠시 누워도 본다. 푸른 바람 향기가 코끝을 스친다. 눈을 감고 생각한다. 아, 이 푹신한 잔디가 우리 집 마당이었으면 참 좋겠다.

256
PLAY #03
F U N

온 몸 이 즐 거 운
공   원

많은 사람들이 우리나라에 공원이 너무 없다며, 서울은 삭막하다고 말한다. 물론 유럽 도시들이나 도쿄 등 선진국에는 잘 가꾼 녹지가 쉽게 눈에 띄는 것이 사실이다. 그러나 우리에게 녹지가 없는 것은 아니다. 살기 바쁜 생활 속에서 무연히 지나치는 것일 뿐이다. 서울시내 어느 동네나 앉아 쉴 작은 공원 하나쯤 있다. 이름나지 않았지만 정갈하게 초록 잔디 단장하고 햇살과 바람을 초대해 늘 당신을 기다리고 있을 것이다. 지금이라도 늦지 않았으니 어느 때든 다가가 말 걸어보자. 🌷

✿ 아차산 생태공원

좀더 생생하게 자연을 접하게 해주고 싶다면 아차산 생태공원을 찾아보자. 워커힐호텔로 유명한 아차산 자락에 위치한 이 공원은 서울시에서 조성한 곳으로 시민과 학생 들에게 자연을 접할 수 있는 기회를 제공하고 있다. 또 광장과 정원 등을 갖추고 있어 자연 속 쉼터 역할도 톡톡히 하고 있는 곳이다. 자체적으로 운영하고 있는 생태 프로그램도 사전 예약을 통해 무료로 참가할 수 있다. 24시간 개방, 입장료는 무료이며 주차장도 마련되어 있다.

❀ 아차산생태공원 (문의: 02-450-1192)
운영시간: 매일 09:00~17:00(매주 월요일 휴관)
대중교통: 지하철 5호선 광나루역 1번 출구 / 지하철 5호선 아차산역 2번 출구
관람료: 무료

❦ 서래마을 몽마르뜨공원

프랑스인 마을로 유명한 서래마을에 있는 이름도 이국적인 몽마르뜨공원은 7호선 고속터미널역 5번 출구로 나가면 쉽게 찾을 수 있다. 공원이지만 아담한 크기가 도심 속의 작은 쉼터 같은 느낌이다. 이곳의 진짜 이름은 반포 배수지공원인데 배수지 자리에 만들었다 하여 그렇게 이름 붙여졌다고 한다. 서래마을에 있는 공원답게 한국어와 프랑스어가 공존하는 간판이나 푯말 들이 이국적이다.

✳ 용산가족공원 (문의: 02-792-5661)
운영시간: 24시간 무료개방
대중교통: 지하철 4호선 이촌역 3-1번 출구

용산 가족공원은요~

용산가족공원은 머물며 시간 보내기엔 더없이 좋은 곳이
에요. 앞서 소개한 곳들 말고도 박물관으로 연결되는 숲
길 산책로와, 맨발로 걸으며 지압할 수 있는 맨발공원도
있어요. 아이들에게 우리나라의 국기를 제대로 보여줄
수 있는 자그마한 태극기 광장도 있고, 소개한 작품들
외에도 다양한 조각 작품이 있어서 미술공부도 함께할 수 있답니
다. 또 어른들 운동기구 모아놓은 곳이 있는데, 아이들 놀이터로도 손색없어요.
만약 두서너 집이 함께 움직였다면 돌아가며 차분히 둘러보는 것도 좋겠어요.

참, 가는 길은 지하철역에 내려서 좀 걸어야 하는 단점이 있어요. 하지만 걷고
난 후 더 달콤한 휴식을 가질 수 있으니 감수할 정도예요. 지하철역은 국철 서
빙고역과 4호선 이촌역 둘 다 가능해요. 거리상으로는 서빙고역이 가깝지만 계
단이 많아 추천하고 싶지 않아요. 대신 갈아타더라도 이촌역에서 내려서 엘리
베이터를 이용하길 권해요. 20미터 정도 가면 국립중앙박물관이 보이는데, 그
안으로 들어가서 공원으로 연결된 길을 따라갈 수 있어요. 하지만 국립중앙박
물관을 지나쳐 담을 끼고 죽 걸으면 공원 입구가 나오는데 그쪽을 찾아가는 게
좋을 것 같아요. 그래야 연못과 너른 잔디 벌판을 바로 만날 수 있거든요. 승용
차를 이용할 수도 있는데, 50여 대 정도를 수용할 수 있는 작은 주차장이라 주
차가 쉽지 않아요. 승용차를 이용하는 분들이라면 아침 일찍 찾는 게 제일 좋은
방법이죠. 주차요금은 10분당 300원이니까 참고하세요.

또 하나의 방법은 국립중앙박물관에 주차하고 걸어가는 방법도 있답니다. 도착
하면 입구에 있는 안내 표지판을 카메라에 담아두세요. 여행 가면 지도 챙기듯
말이죠. 아이와 같이 다니면서 때론 요긴하게 쓰인답니다. 마지막으로 음식 준
비를 미처 못 했거나, 뭐 또 귀찮은 분들은 좋아하는 치킨 브랜드 배달 번호를
입력해가세요. 주문하면 공원 가까운 매장에서 배달해준답니다. 조금 비싸지만
야외에서 갓 튀겨낸 고소한 통닭을 먹는 맛도 일품이니까, 어쩌다 한번 시도해
보면 좋겠어요.

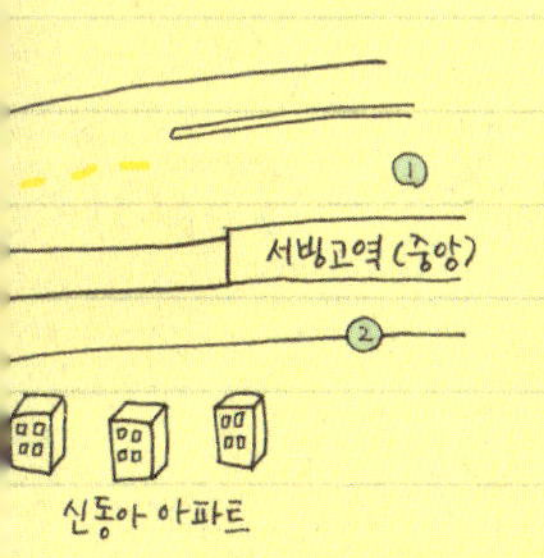

다른 친구들이
읽을 수 있도록
책은 3권 이내로
조용히 읽고
제자리에

동화책 읽어주세요

어린이 도서관

책을 골라오겠다던 아이가 또 감감무소식이다.

작은 책장 숲 속에 숨어 있는 아이를 찾았는데,

물끄러미 옆에서 책을 고르는 유치원생 오빠를 바라보고 있다.

넌 어쩜 그렇게 나를 닮았니.

오랜만에 집에 없는 동화책 실컷 읽어주려고 도서관에 왔는데

아이의 마음은 저만치 다른 곳에 가 있다.

간혹 우리는 의외의 장소에서 추억의 조각을 발견한다. 생각지 못한 공간에서의 조우는 더 설레고 떨리기 마련이다. 잊고 있었던 기억은 웃음 짓게도 눈물 흐르게도 하지만 대부분 감미롭다. 어느 상황이든 스치는 것만으로 온몸을 감싸는 따뜻함, 그것이 바로 추억의 힘이라고 생각한다.

사랑할 때를 가장 뜨거운 시절로 꼽곤 한다. 그러나 끓어오르진 않았지만 따듯한 체온이 느껴지는 시절을 찾으라면 주저 없이 학창시절을 떠올린다. 다시 생각하면 요샛말로 손발이 오그라들듯 부끄러운 기억이 절반이지만, 중학교 3년, 고등학교 3년, 6년의 시간은 그야말로 순수의 시대였다. 백지장 같던 그 시절, 고작해야 선생님을 짝사랑하던 여학생들에게 최고의 일탈은 도서관이었다.

웃지 말라. 진짜다. 클럽도 카페도 인터넷도 없던 시절 도서관은 세상 모든 뉴스를 보고, 다른 세계의 사람들을 만날 수 있는 유일한 공간이었다. 모처럼 교복을 벗고 정체성을 한껏 드러낼 수 있는 곳이기도 했다. 무엇보다 그곳의 매력은 합법적이라는 데 있었다. 선생님, 부모님에게 거짓말하지 않고 당당하게 드나들 수 있는 '보증수표'와 같은 곳이었다. 때문에 우리는 그 어디보다 도서관을 좋아했다. 토요일 수업이 끝난 후는 말할 것도 없고, 일요일 새벽잠을 쫓으며 달려갔다. 그리고 열심히 공부했……로 이야기를 맺는다면 지금의 나는 좀더 다른 사람이 되어 있을까?

사실 도서관은 책을 읽고 공부하는 곳이지만, 우리에게는 사교의 장과 다름없었음을 고백한다. 그곳에서는 동네 꼬마 같은 동급생 친구들이 아닌, 먼 동네 사는 교복 입은 훤칠한 오빠들을 자주 볼 수 있었다. 지금 생각하면 참 후줄근한 교복이었는데, 그때는 나폴리 수트처럼 멋져 보였다. 왠지 있어 보이는 걸음걸이 하며, 손에 들린 『수학의 정석 – 실력편』이라니! 아 그 순간만큼은 오빠들의 손에 들린 『수학의 정석 – 실력편』이고팠다. 어찌되었건 오빠들의 눈에 띄려면 책상을 지키고 앉아 있을 수만은 없는 노릇이었다. 그러나 양심은 있어서 우선 자리를 잡고 책을 펼쳤다. 한 시간 남짓 문제집을 풀고, 이제 작전 개시. 누가 먼저랄 것도 없이 눈빛을 교환하고 자리를 뜨는 것이 순서였다. 그리고 모두 화장실 거울 앞으로 모였다. 앞머리를 점검해야 했기 때문이다.

당시 우리에게 호환마마보다 무서운 것은 공들여 세운 앞머리가 가라앉는 것이었다. 요즘 아이들은 이해하지 못하겠지만 그땐 그랬다. 하희라 언니도, 채시라 언니도, 김완선 언니도 그랬다. 앞머리 띄우기를 마치고 우리가 향한 곳은 지하 매점이었다. 그곳에서 가끔 면발처럼 긴 손가락으로 라면을 먹으며 먼 산을 바라보는 멋진 오빠들을 발견할 수 있었다. 그러고 나서 우리는 사방에 널려 있는 오빠들에게 말 한마디 건네지 못하는 화를 삭이려는 듯 사발면에 김밥 두 줄을 거뜬히 해치우곤 했던 것이다.

그렇다고 도서관에서 만난 오빠와 관계발전이 이루어진 적은 한 번도 없었다. 발전은커녕 말 한마디 걸어본 적도 없었다. 그러니까 우리는 연애가 고파서라기보다, 청소년기 끓어오르는 이성에 대한 호기심을 그렇게 풀어냈던 것 같다. 지금 생각해도 다행인 것은, 그 장소가 도서관이었다는 것이다. 만약 혈기왕성함을 도서관이 아닌 다른 곳에서 뿜어냈다면, 지금의 나는 정말 다른 사람이 되어 있을지도 모르겠다.

책을 골라오겠다던 아이가 또 감감무소식이다. 작은 책장 숲 속에 숨어 있는 아이를 찾았는데, 물끄러미 옆에서 책을 고르는 유치원생 오빠를 바라보고 있다. 넌 어쩜 그렇게 나를 닮았니. 오랜만에 집에 없는 동화책 실컷 읽어주려고 도서관에 왔는데 아이의 마음은 저만치 다른 곳에 가 있다. 순간 작은 아이를 통해 불현듯 잊었던 추억이 떠올랐다. 나도 그런 시절이 있었지. 오늘은 그때 그 마음으로 신랑을 바라봐야겠다. 이름 모를 오빠의 걸음걸이 하나에도 넋을 놓던 순수의 시절 내가 되어 말이다.

오늘은 정말 멀리 나가기 싫었다. 그런데 집에 가만히 있기는 더 싫었다. 장 보러 가는 것도 하루이틀이었다. 뭔가 소비 없이 하루를 알차게 보내고 싶었다. 외출의 욕구를 자제하기 위해 남은 반찬에 밥을 비벼먹어보기도 했지만, 탄수화물은 에너지를 낳고 에너지는 더 큰 외출의 욕구를 낳을 뿐이었다. 결국 효과도 못 보고 끼니 수만 늘리고 말았다. 마침 아이가 엄마는 뭘 그렇게 만날 먹기만 하냐는 듯 바라보더니 책을 읽어달라고 했다. 아, 귀찮지만 해줘야 한다. 틈날 때마다 동화책 읽어주는 좋은 엄마는 못 되지만 적어도 읽어달라고 할 때 안 읽어주는 나쁜 엄마는 되지 말아야 한다. 아이를 앉히고 책을 읽는다.

그런데 책 속 주인공이 『피노키오』를 읽으며 자기의 잘못을 깨닫는 장면이 나온다. 아이는 '피노키오'에 관해 묻는다. 제페토 할아버지와 나무 인형에 대해 설명하고, "꼭두각시 인형 피노키오 나는 네가 좋구나아~" 노래까지 불러줘도 아이는 이해하지 못한다. 그 순간 퍼뜩, 전광석화처럼 떠오르는 장소가 있었다.

도서관이었다. 20분쯤 걸어가면 옆 단지에 제법 큰 구립 도서관이 있다는 걸 왜 진작 생각하지 못했을까? 읽던 책을 접고 피노키오를 만나게 해주겠다고 큰소리치며 아이를 데리고 나왔다. 궁금하던 차에 엄마가 알아서 만남을 주선한다니 아이로서도 손해 볼 일이 아니었다. 우리는 입이 찢어져라, 콧노래를 부르며 집을 나섰다. 지나며 몇 번 보기만 했을 뿐, 처음 찾아가는 도서관이다.

문득 일본여행 중에 찾았던 동네 도서관이 생각났다. 소울이에게 물으니 기억하고 있었다. 소울이가 27개월이 되었을 때 후배 부부가 살고 있는 도쿄로 여행을 떠났다. 아이 낳기 전 다니며 쌓아둔 마일리지가 있어 비행기표가 공짜로 해결됐고, 남편이 너무 바빠 우리와 시간을 보낼 수 없을 때였다. 또 후배 부부가 먹고 자는 것 걱정 말고 오기만 하라고 반가워해서 용기 내어 아이와 둘만의 해외여행을 감행했던 것이다. 아빠도 없이 괜찮을까 걱정도 많이 했지만 막상 뚜껑을 열자 아이는 엄마보다 더 잘 적응하고 잘 놀았다. 먹고 싶다고 하면 오렌지 주스가 뿅, 파인애플 주스가 뿅 하고 나오는 비행기 안이 퍽 마음에 드는 듯했다. 그리고 자기도 한 자리 차지하고 앉아 어른놀이하는 게 꽤 재미있는지 오히려 내려야 할 때 아쉬워하는 모습을 보였다.

공항에서 후배 부부와 만나 열흘간 천천히 도쿄를 돌아봤다. 첫 일본여행이기 때문에 관광지를 가는 것도 중요했지만 무엇보다 아이와 함께하는 여행이라는 것을 잊어서는 안 됐다. 혹시 아이가 아프면 모든 여행계획이 수포가 되므로 컨디션 조절을 해주는 것이 중요했다. 때문에 사흘에 한 번 정도는 집에서 하루 종일 쉬면서 밀린 수다를 떨거나, 동네 근처를 다니며 시간을 보내곤 했다. 그런데 신기한 것은 도쿄의 유명한 지역을 다닌 것보다 어쩌다 쉬면서 다닌 동네 온천, 동네 도서관이 더 기억에 남는다. 그중 도서관에서 보낸 하루는 참 편안했다.

우리나라로 치면 구립 도서관인 그 도서관은 여느 일본 건물처럼 깔끔한 외관을 자랑했다. 내부도 아주 심플했는데, 어린이 열람실이 따로 있지는 않았지만 서고 끝 채광이 가장 좋은 곳에 아이들 책이 가지런히 진열돼 있었다. 또 한편에 통유리로 된 작은 방이 있었는데, 간혹 아이들을 위한 독서수업이 열리거나 없는 시간에는 마음껏 쉴 수 있는 곳이었다. 책장은 아이들 눈높이에 맞춰져 있었고 책장 앞에는 키 낮은 의자가 곳곳에 있었다. 또 책장 사이가 어른들의 것과 같이 넓어 엄마들도 불편하지 않게 함께 다닐 수 있었다. 아이뿐 아니라 함께 드나드는 엄마까지 배려한 공간 디자인이 무척 마음에 들었다.

책 중에 해외서적들이 꽤 있어, 읽을 만한 우리나라 책을 찾아보았다. 하지만 초등학생이나 되어야 읽을 법한 두툼한 책들뿐이었다. 나는 물론 일본어를 몰랐지만, 어차피 아이야 아직 그림책을 읽는 수준이므로 열심히 그림을 보며 이야기를 만들어냈다. 사실과 다르겠지만 대충 그림으로 스토리를 유추해내 마음대로 이름을 짓고 이야기를 만들어내다보니, 읽어주는 입장에서도 재미가 쏠쏠했다. 낯선 환경과 낯선 언어였지만 아이와 함께 시간을 보내는 순간만큼은 어느 때보다 익숙했다. 비교적 성공적이었던 아이와의 여행을 떠올리며 걷는 동안 어느새 우리는 도서관에 도착했다.

우리 동네 도서관은 어린이 열람실이 따로 마련되어 있었다. 열람실 앞에 유모차를 세워두고, 안으로 들어갔더니 작은 소인국에 온 것 같다. 앙증맞은 책장하며, 조그마한 화장실 변기까지. 하지만 아무리 작다고 해도 1미터가 채 안 되는 아이에게는 높고 넓은 세상이겠지. 고작 엄마 허벅지까지 오는 책장 숲을 누비고 다니면서 좀 컸다고 언니 행세를 하는 아이가 귀여워 웃음이 났다.

PLAY #03
F U N

271

우리는 아이들이 앉아서 책을 볼 수 있도록 턱을 높여 만든 테이블에 자리를 잡는다. 피노키오를 만나러 온 것이니 피노키오를 찾는 게 순서이다. 소울이는 씩씩하게 혼자 가보겠다고 한다. 무슨 수로 글도 모르면서 피노키오를 찾겠다는 건지 모르겠으나, 도전정신을 높이 사 허락한다. 제법 진지하게 책을 고르는 듯하더니 이내 반대편 책장으로 성큼성큼 걸어간다. 그러고 나서 그리 높지도 않은 책장 사이로 자취를 감춘다. 째각째각 2, 3 분이 지나도 나타나지 않아 아이를 찾으러 간다.

역시나, 책 찾을 생각은 안 하고 옆에서 독서하고 있는 유치원생 오빠를 물끄러미 본다. 옛 기억이 떠올라 쿡, 터져 나오는 웃음을 참고 아이와 함께 책 찾기에 나선다. 『피노키오』. 책장 끝에서 찾은 책을 가지고 자리로 돌아와 책을 읽어준다. 아이들 열람실이지만, 그리도 에티켓은 지켜야 하기에 조용히 속삭이듯 읽어주는데 아이는 "엄마, 크게! 크으게!"라고 말한다. "여기는 우리 집이 아니야. 도서관이야. 책 많은 곳, 책 읽을 수 있는 곳이야. 그런데 여기는 다른 친구들도 와서 책을 읽기 때문에 크게 소리내지 않는 게 좋아. 다른 친구들이 큰 소리에 놀라서 책을 읽지 못할 수도 있으니까." 차분히 설명해주니, 알았다고 고개 끄덕이며 책에 집중한다. 그러나 아직은 이해하기 어려운 내용이라 그런지 조금 지나니 엉덩이를 들썩이며 질문만 퍼붓는다.

"제페토 할아버지는 나무토막을 깎아 인형을 만들고, 피노키오라고 이름 지었어요." "왜?" "할아버지가 외로웠대." "왜?" "음, 가족이 없어서." "왜?" "그러게, 왜 그러셨을까? 사랑하는 사람을 만나지 못했나봐."

"왜?" "할아버지가 고백을 못해서 그러셨나?" "왜?" "부끄러워서 그랬을 수도 있지?" "왜?" '아, 소리치고 싶다.' 집이었다면 "아, 왜 좀 그만해!"라고 참지 못하고 꽥 큰소리를 냈겠지만, 이건 주위에 보는 눈이 많으니 어쩔 수 없다. 언제든 아이의 호기심을 해결해주려고 노력해야 한다는 육아 전문가의 조언을 처음으로 실천한다.

마음을 가다듬고, 다시 큰 줄거리만 따라 읽어준다. "나무인형 피노키오는 거짓말을 하면 코가 커졌대"라고 하자 아이는 제 코를 길게 뽑는 시늉을 한다. "엄마, 이렇게?" "응, 그렇게 길게." 아이는 이제 좀 재밌는지 그래서 어찌 됐느냐며 재촉을 한다. 다시 열심히 읽으려는데 그새 마음이 바뀐 아이는 고래에게 잡아먹힌 제페토 할아버지를 구하지도 못한 채 책을 덮는다. 다른 것을 가져오겠다며 책을 들고 총총 걸어가는 아이의 뒷모습을 보며 고래 뱃속에 있을 제페토 할아버지가 걱정스럽다. 아이는 고래 뱃속 따위 아무 상관없다는 듯 다른 책을 가지고 온다.

그런데 어머나, 눈에 익은 책이다. 다시 보니 일본여행 때 도서관에서 읽은 책이다. 콩알 친구들의 이야기인데, 부지런한 콩과 게으른 콩의 이야기이다. 역시 그림책은 그림 속에 이야기가 담겨 있다고, 일본에서 내용도 모른 채 그림만으로 대충 설명해준 내용이 크게 다르지 않다. 우리 동네 도서관에서 이 책을 접하니, 삶이 신비롭다. 먼 타국에서 하필 도서관에서 하루를 보냈고, 그 도서관 안에 있던 무수히 많은 책들 중 한 권을 선택해 읽었다. 그런데 그 책을 이 나라 많고 많은 도서관 중 우리 동네 도서관, 어린이 열람실 많은 책들 중 하필 아이가 뽑아든 책이 그것이었

다니. 무언가 사람의 힘으로 어쩌지 못하는 우주의 기운이 있는 게 분명
하다는 생각이 든다. 그렇다면 좀더 가볍게 살아야 하는 게 아닐까 싶다.
뭘 어떻게 해보겠다고 즐거움을 포기한 인생이기보다는, 무엇을 하든 재
미나고 신나게 사는 게 정답인 것 같다. 언제나처럼 도서관에서 또 하나
의 깨달음을 얻어간다.

　아무리 놀이터 삼아 오가도, 도서관은 시골 할머니처럼 가는 길에 보
따리 하나씩을 안긴다. 아이도 나처럼 오늘 도서관에서 보따리 하나를
받았을 것이다. 누구에게 무엇을 받았는지는 늘 비밀이므로 나는 아이가
어떤 보따리를 받았는지 모른다. 다만 돌아오는 길 입꼬리를 올리며 씨
익 웃는 아이의 표정에서 그것이 따뜻하고 행복한 무언가라고 느낄 뿐이
다. 🌷

♪ 서울시립어린이도서관

서울시립어린이도서관은 1979년 5월 4일 세계 어린이의 해를 기념하여 설립된 우리 나라에서 유일한 어린이전용 시립도서관으로, 인왕산 자락의 사직공원 안에 있다. 20여 년이 넘는 오랜 역사와 함께 20만여 권의 방대한 도서를 구비하고 있다. 어린이 들이 좋아하는 동화와 그림책, 학교공부에 도움을 주는 역사·과학서적 등 회원 가입 만 하면 자유롭게 도서를 고르고 열람할 수 있다. 제1자료실, 제2자료실, 유아실 등 의 자료실에서는 어린이에게 필요한 모든 자료를 검색할 수 있으며, 디지털 자료실 에서는 전자자료 및 인터넷을 통한 정보를 찾아볼 수 있다. 매년 4~6월, 9~11월에는 책 만들기, 종이 접기, 글짓기, 어린이 천자문교실 등을 저렴한 비용으로 이용할 수 있다. 별관 2층에 있는 이야기실에서는 월요일부터 금요일까지 15시부터 1시간 동안 동화나 옛날이야기를 들려주거나, DVD 등 어린이를 위한 시청각 자료를 상영한다. 책읽기 에 익숙하지 않은 어린이라면 독서 상담실에서 좋은 책을 추천받거나 독서방법 등을 조언 받을 수 있다.

❀ 서울시립어린이도서관 (문의: 02-736-8911)
　운영시간: 평일 09:00~18:00, 토·일요일 09:00~17:00 /
　　　　　　매월 첫째, 셋째 월요일은 정기휴관
　대중교통: 지하철 3호선 경복궁역 1번 출구

☆ 대형 서점

서울시내 각지에 흩어져 있는 대형 서점도 아이들이 책을 읽을 수 있는 공간이다. 이곳은 책뿐 아니라 문구와 연령별 장난감, 영어교재 등 다양한 제품들이 한 곳에 있어 쇼핑과 독서를 한 번에 해결할 수 있다. 또 카페테리아 등이 잘되어 있어 엄마와 아이가 부담 없이 쉴 수 있는 문화의 장이 되고 있다.

❀ 대형 서점
　교보문고 (문의: 1544-1900)
　영풍문고 (문의: 1544-9020)
　반디앤루니스 (문의: 1577-4030)

Point Space

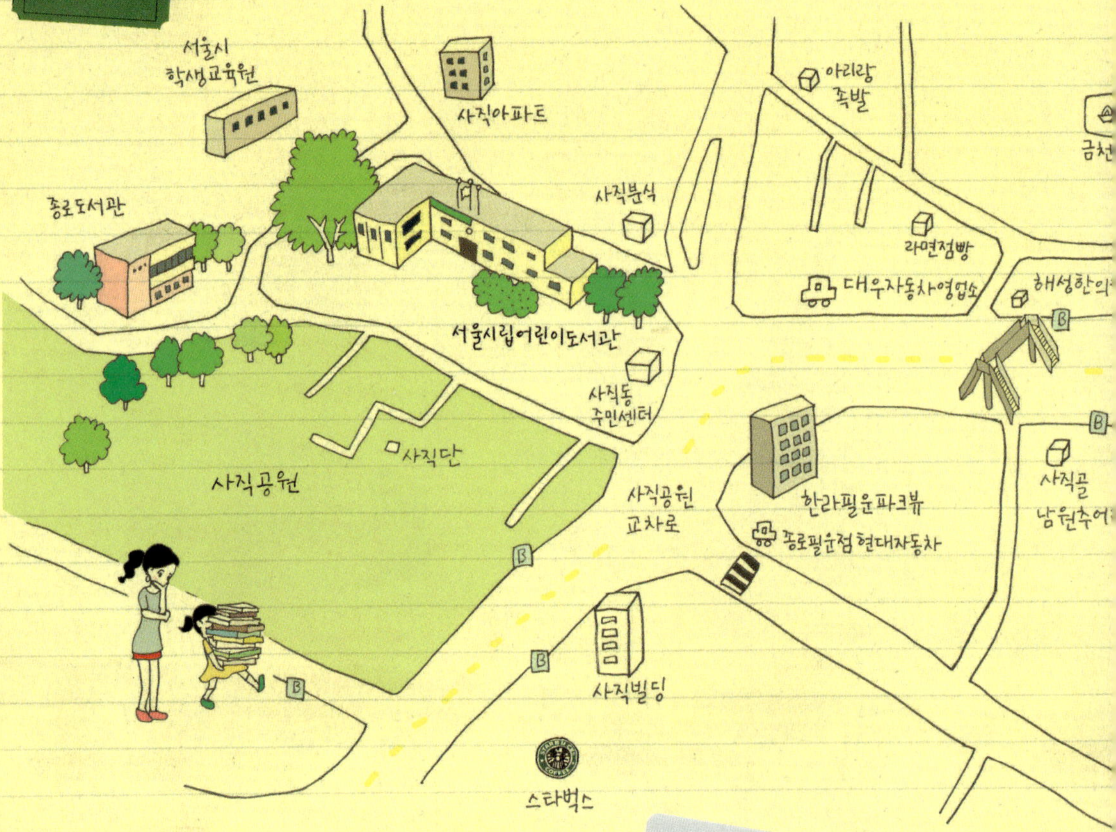

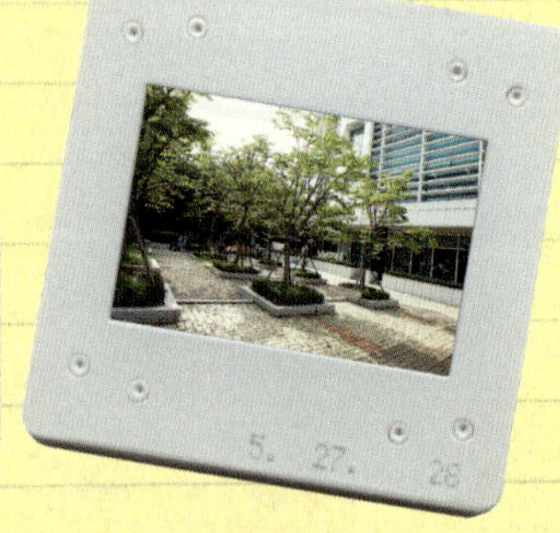

국립어린이청소년도서관 (문의: 02-3413-4800)

이용시간: 매일 09:00~18:00(매월 둘째, 넷째 월요일 휴관)

대중교통: 지하철 2호선 강남역 8번 출구

도서관은요~

도서관은 어느 동네에나 있습니다. 바로 집 앞에 있지 않아도 찾아보면 멀지 않은 거리에 하나씩은 있어요. 어차피 책을 읽을 목적이라면 굳이 집에서 멀리 떨어진 큰 도서관을 가지 않아도 돼요. 오히려 가벼운 마음으로 가까운 곳에 가는 게 책도 더 많이 읽고, 하루 나들이도 즐겁게 마칠 수 있어요. 요즘 국공립 도서관은 어디나 크든 작든 어린이 열람실이 있습니다. 어린이 열람실은 스스로 빌려 읽고 독서할 수준이 되는 초등학생 아이들이 많아요. 하지만 어린 유아를 위해 마루나 개별 룸 등이 있으니 한번 가보세요. 그리고 간단하게 마실거리나 간식 정도는 가져가서 먹어도 되지만, 될 수 있으면 식당이나 쉼터를 이용하세요. 우리 동네 도서관 같은 경우는 옥상정원이 되어 있어서 시원한 바람 맞으면서 간식을 먹기도 하는데요, 어느 도서관이나 등나무 벤치나 실내 쉼터 등이 마련되어 있을 테니 미리 인포메이션 센터에서 물어보시면 될 듯합니다.

그리고 가기 전에 미리 읽고 싶은 책을 정해서 찾는 재미를 주는 것도 좋아요. 생각보다 많은 책 틈에서 아이들이 어쩔 줄 몰라 할 수 있거든요. "우리 피노키오 찾기로 했지? 어머, 여기 있네. 찾았다" 하면 책을 찾는 것도 하나의 놀이가 되어 아이가 즐거워해요. 특별한 곳에서 재미있게 본 것들은 기억에 오래 남잖아요. 아이들도 집이 아닌 도서관이라는 공간에서 집중해서 읽은 내용은 쉬 잊지 않는 것 같아요. 집 밖으로 탈출하고 싶지만 여건이 따라주지 않는 날은 동네 도서관으로 나들이를 떠나보세요. 생각보다 만족스러운 나들이가 될 겁니다.

백화점에서 노닐다

신세계백화점 본점

집에 잠시만 있어도 좀이 쑤시는 나에게

한줄기 빛이 돼준 공간이 있으니 바로 '백화점'이었다.

창문 하나 없어 공기가 좋지 않다는 걱정 섞인 잔소리는 한 귀로 듣고 한 귀로 흘렸다.

찬바람도 안 들어오고, 아이를 데려가면 편하게 수유할 공간도 있고,

간혹 비슷한 처지의 아기엄마들을 만나 대화를 나눌 수도 있었다.

밥도 먹고 쉴 수도 있는 곳.

아이 낳기 전에는 에너지를 소모하는 곳이었다면, 이제는 충전하는 곳.

아이와 내가 함께 머무를 수 있는 최고의 안식처였다.

30개월이 지나자 아이는 미안할 정도로 고마워졌다. 집에서 일하는 엄마를 이해하고, 혼자 놀다가 잠이 드는 일도 있었다. 물론 한편에서 엄마가 일을 하고 있었기에 안심했겠지만, 늘 옆에서 놀아줘야 했던 때에 비하면 일취월장한 것이었다. 하지만 이것은 엄마에게만 들어맞는 것이었다.

아빠는 아이와 있을 때 아무것도 할 수 없었다, 여전히. 그는 작고 사소한 일조차 힘들어했다. 아이를 컨트롤하기 힘들다고 했다. 자세히 살피니 아이는 엄마와 아빠 성격에 따라 교묘히 다르게 행동했다. 잘 받아주는 아빠에게는 제멋대로, 아무리 해도 들어주지 않는 엄마에게는 얌전하게. 습관이 된 것이다.

습관은 무섭다. 아이가 어느 순간 나와 똑같이 말하는 것을 느끼면 소름이 끼칠 것이다. 어느 날 아이가 서랍에서 옷을 꺼내오더니, "엄마, 이거 괜찮지 않아? 꽃도 있고, 예쁘지?" 하는 것이었다. 기특하고 신기해 깔깔 웃으며 가지고 온 옷을 입혀줬다. 그리고 또 어느 날은 새로 산 옷을 입은 아이가 아빠에게 가서 이렇게 말하는 것이다. "아빠, 이거 예쁘지 않아?" 우리는 또 배를 잡고 웃었다. 그런데 어느 날, 여동생과 쇼핑을 했다. 이 옷 저 옷 입어보면서 내가 계속하는 말은 "야, 이거 괜찮지 않아?" "어머, 이거 예쁘지 않니?"였다. 세상에, 아이는 어느 순간 나의 말투를 따라하고 있었던 것이다. 그제서야 나는 아이의 말투와 행동에 대해 생각하게 됐다. 유난히 쇼핑놀이를 좋아하는 아이, 소꿉장난을 하다가도 어느 틈에 "얼마예요?" 계산놀이를 하는 아이, 아무렇지도 않게 새는 발음으로 "일시불로 해주세요!"라고 말하는 아이. 아, 그동안 나는 아이에게 무엇을 보여준 것인가. 맹모삼천지교라는데 백화점만 돌아다니더니 이제 어쩔 거냐며 나무라는 사람들이 있다면 나도 할 말은 있다.

소울이는 11월생이다. 가을과 겨울 사이 낙엽 지는 계절에 태어났다. 11월에 그것도 중순 넘어 출산을 했다는 건, 극단적인 표현으로 '가택연금'에 들어간 것이라고 볼 수 있다. 일단 겨울에 출산하는 여느 엄마들처럼 가슴까지 올라오는 팬티를 입고 두꺼운 내복과 양털처럼 두꺼운 수면양말을 신었다. 이 복장으로 어딜 나간다는 것 자체가 무리였다. 인생 선배들이 조금만 바깥 바람을 쐬도 뼈에 바람이 들어 사는 내내 고생한다고 잔뜩 겁을 주었기 때문이다.

사실 요즘처럼 난방이 잘되는 시대에 굳이 그럴 필요까지는 없을 것 같지만, 그러지 않으면 '조리'를 제대로 하는 게 아니므로 어쩔 수 없었다. 내 몸 위하는 것이라니 그렇게 거북한 옷차림과 흐르는 땀 정도는 참아냈다. 그러나 가장 무서운 것은 굳게 닫힌 대문이었다. 겨울바람 접촉금지. 감옥살이가 따로 없었다. 꽃피는 봄까지 서너 달을 갇혀 지내야 하는 불쌍한 신세. 아기 낳으면 쏙 들어갈 줄 알았던 불어터진 배를 보는 것만으로도 괴로운데, 어떠한 일도 도모하지 못하고 집에만 있어야 하는 것은 정말 힘들었다.

나로 말하자면 대학 때 단 하루도 집에 있어본 적이 없었던 사람이다.

"졸업하고 가만히 앉아 일하는 직업 말고 돌아다니는 직업을 갖고 싶어"
라고 말했다가 선배들에게 '야쿠르트 아줌마' 자리를 제의받기도 했다.
그렇게 집에 잠시만 있어도 좀이 쑤시는 나에게 한줄기 빛이 돼준 공간이
있으니 바로 '백화점'이었다. 창문 하나 없어 공기가 좋지 않다는 걱정
섞인 잔소리는 한 귀로 듣고 한 귀로 흘렸다. 찬바람도 안 들어오고, 아이
를 데려가면 편하게 수유할 공간도 있고, 간혹 비슷한 처지의 아기엄마들
을 만나 대화를 나눌 수도 있었다. 밥도 먹고 쉴 수도 있는 곳. 아이 낳기
전에는 에너지를 소모하는 곳이었다면, 이제는 충전하는 곳. 아이와 내가
함께 머무를 수 있는 최고의 안식처였다.

이후에는 이 동네 저 동네 백화점을 다니며 백화점 나들이를 즐기기에
이르렀다. 물론 백화점이 한창 뛰어놀고 자연을 만나야 할 아이들에게 최
적의 장소는 아니다. 하지만 아직은 서투른 엄마들이 마음 놓고 아이와
함께 움직일 수 있는 곳이 바로 백화점이다. 덩그마니 세상과 격리되었다
는 생각에 힘든 초보엄마들의 마음을 헤아린다면, 공기 탁한 그곳을 찾는
이유를 이해할 수 있을 것이다.

친구들과 약속을 한다. "어디서 만날까? 명동? 압구정? 삼성동? 건대 쪽은 어때? 중간쯤 되지 않니?" 보기에는 여느 아가씨들의 약속장소와 다를 바 없다. 하지만 아기엄마들인 우리들이 말하는 곳은 뒤꽁무니를 자른 것이다. 다 이어보자면, 명동 신세계백화점 본점, 압구정 현대백화점, 삼성동 현대백화점, 건대 앞 롯데백화점 등이다. 이렇게 그동안 친구들을 만날 때마다 약속 장소를 바꿔가며 서울시내 백화점들을 다녔다. 백화점 모니터 요원인가 싶겠지만, 말했듯 아기엄마들이 마음 놓고 모여 놀 수 있는 곳이 백화점이기 때문이다.

모든 백화점들이 나름의 특색이 있고, 고객의 편의를 위해 다양한 시설을 갖춰놓았다. 그런데 만약 그중 한 군데를 고르라면 남대문시장 옆에 있는 신세계백화점 본점을 들겠다. 일단 위치상 결혼 후 흩어져 사는 친구들이 한데 모이기 좋다. 웬만한 곳에서 출발해도 명동은 거의 중간지점이기 때문에 비교적 공평한 위치에 있고, 교통 또한 훌륭하다. 지하철 4호선 회현역과 바로 연결되고, 소문난 관광지 남대문시장 옆이다보니 버스 노선 또한 아주 많다. 게다가 주차공간도 넉넉한 편이어서, 조금 일찍 움직이면 어렵지 않게 백화점 지하주차장을 이용할 수 있다. 이외에도 자주 찾는 경우가 많은데, 오늘은 출산한 친구의 선물을 사기 위해 남대문으로 향했다.

사실 백화점은 우리 집 앞에도 있다. 아이를 유모차에 태우고 슬슬 걸어나가면 10분 거리. 일주일에 두세 번씩 간다. 아이 문화센터 수업도 듣고, 날은 좋은데 갈 데가 없어도 가고, 비가 와서 먼 길 나서기 힘들면 가볍게 가기도 한다. 그러니 핑곗거리가 생기면 멀리 다른 곳으로 가고 싶은 꾀가 나는 것이다. 그래서 선물도 그곳에서 사면 되는데, 굳이 지하철을 타고 시내로 나간다. 그러면 어디 먼 곳으로 나들이 가는 듯 기분이 좋아진다. 무슨 큰일 보러 가는 양, 바쁘게 움직여 준비를 마치고 백화점으로 떠난다.

출근시간과 점심시간 사이의 지하철은 한가하다. 아이와 한 자리씩 차지하고 앉아 정거장을 손으로 꼽다가, 고민에 빠진다. 어디서 내릴까? 회현? 명동? 신세계백화점에 갈 것이라면 회현역에서 내려야 한다. 백화점과 출구가 연결되어 있기 때문이다. 그런데 웬 명동이냐고? 관광객이 많고, 새로운 숍들이 늘어선 명동에 가면 마치 외국여행을 하는 기분이다. 얼마 전 우리나라에 론칭한 브랜드 '자라', 아기자기한 소품과 살림살이가 많은 '코즈니', 가격은 싸지만 스타일은 뒤지지 않는 '포에버21', 좁은 골목 안을 이국의 향기로 채우는 '러시' 등 로드숍들을 구경하다보면 꼭 유럽 어느 골목을 헤매는 기분이다. 게다가 명동 '자라' 매장에는 중저가의 '자라 키즈'가 있어 아이 옷을 쇼핑할 수도 있다. 간혹 외국인들이 웅성거리는 카페에 들어가 소울이랑 주스 한잔 마시면 왕복 지하철값으로 해외여행을 떠난 듯하다. 그래서 명동 근방으로 떠나는 나들이는 늘 고민이다. 들를까 말까? 드디어 명동역. 문이 열리는 순간까지 고민은 거듭되지만, 결국 우리는 내리지 않는다. 괜히 미리 아이 기운 뺐다가 집에 가는 길이 수고스러울까 걱정돼서다.

백화점에서
노닐다

이제 회현역, 우리는 지하철에서 내려 백화점으로 간다. 지하보도로 연결되어 있어 오르내리지 않아도 되니 편리하다. 드디어 백화점 안, 다른 데 들를 생각 없이 일단 엘리베이터에 올라 8층 버튼을 누른다. 어느 백화점을 가건 우리가 가장 먼저 들르는 곳은 아동 코너가 있는 층이다. 이곳 신세계백화점 본점은 8층에 아동과 관련된 모든 것들이 있다. 이제 엄마 따라 여기까지 온 아이에게 선물을 줘야 할 차례. 마음껏 만지고 놀 수 있도록 샘플을 많이 비치한 완구매장으로 향한다.

이곳의 완구매장은 다른 백화점에 비해 크기가 넓다. 가운데 샘플 완구들을 배치하고 가장자리로 빙 둘러 제품을 놓았기 때문에, 아이는 그곳을 놀이터쯤으로 생각한다. 게다가 오며 가며 또래 친구들과 마주칠 수 있어 꽤 재미있어하는 눈치다. 다른 때처럼 완구매장에 데려갔더니 안아달라던 투정이 쏙 들어간다. 엄마는 안중에도 없이 이것저것 만지고 밀고 신이 났다. 싱크대를 열었다 닫았다 장난을 치더니 처음 보는 언니와 짝꿍이 돼서 금세 소꿉놀이를 한다. 30분 경과. 이제 슬슬 식사를 하러 가야 하는데, 가지 않겠다고 막무가내로 떼를 쓴다.

주위를 둘러보니 대부분의 엄마들이 진땀 흘리며 아이들을 설득한다. 그 모습을 보니 웃음이 난다. 어쩜 다들 사는 모양이 비슷한지. 맛있는 밥 먹자고 겨우 꼬드겨 완구매장을 나선다. 밥을 먹으러 가기 전 우선 유아휴게실에 들러 손을 씻는다. 휴게실에 들어가니 갓난아기를 안은 엄마들이 젖을 물리거나, 젖병으로 우유를 먹이는 모습이 눈에 띈다. 아기를 기저귀 교환대에 눕혀 기저귀를 가는 모습, 아기침대에 누워 자는 아기의 모습도 보인다. 고요하고 편안한 모습들. 우리 아이도 불과 얼마 전까지 저런 모습이었는데, 이제는 좀 컸다고 스스로 손을 씻고 있다.

손을 깨끗이 씻고 우리는 11층 푸드코트로 향한다. 다른 백화점의 푸드코트가 지하에 있는 것과 다르게, 이곳은 야외정원이 보이는 개방형 구조라 답답하지 않다. 푸드코트보다는 큰 규모의 레스토랑에 온 듯한 기분이다. 벽면에 오묘한 컬러의 유리병을 진열해놓은 창가 쪽 인테리어는 정원이 보여 더욱 고급스러운 느낌을 준다. 천장도 높고, 채광이 좋아 쾌적하다. 그래서 이곳에서의 식사는 늘 즐겁다. 인도 요리 전문점의 맵지 않은 커리를 시켜 맛있게 먹는다. 다 먹기 전부터 아이의 엉덩이가 어쩔 줄 모르고 들썩인다. 야외정원에 나가고 싶어 안달이다. 말 잘 듣고, 밥 잘 먹어야 데리고 나간다고 단호히 얘기하고 진정시킨다.

배부르게 식사를 마치고 드디어 밖으로 나가는 우리. 비록 도심 속 고층건물 위 작은 정원이지만 공기가 상쾌하다. 한눈에 보이는 공간이라 엄마 혼자 아이를 보기엔 더없이 좋다. 가끔 친구들과 함께 오면 돌아가며 아이를 보고, 창가에 앉아 티타임을 갖기도 하는데 그 짧은 시간이 얼마나 큰 충전이 되는지 모르겠다. 간혹 구색 맞추기 식의 야외정원을 볼 수 있다. 그러니까 그늘 하나 없이 뙤약볕에 나무 몇 그루 심어놓은 그런 정원들 말이다. 그런데 신세계백화점 본점의 야외정원은 꽤 잘 갖추고 있다. 초록 잎들이 비교적 빽빽하게 들어서 있고, 그늘 아래 벤치가 있어 잠시 쉬기에 좋다. 또 길 양옆으로 가지런히 늘어선 분수는 휴양지에 온 듯한 착각을 일으키기도 한다. 숲에, 물에, 벽을 타고 오르는 담쟁이까지.

그야말로 아이 놀이터로는 최고의 공간이다.

아이들은 노는 법을 안다. 비싼 장난감이나 큰 놀이기구가 없어도 바람과 햇살만으로도 신이 나서 논다. 지치지 않고 물 사이를, 나무 주변을 돌아다닌다. 뭐가 그렇게 재미있을까? 가끔은 아이의 마음속을 들여다보고 싶다. 놀 만큼 놀아보라는 생각에 가자 소리 안 하고 지켜봐준다. 내 손에 향 좋은 커피 한 잔이 있어 너그러워졌는지 모르겠다. 오랜만에 바람을 쐬며 커피 한 잔을 하니 나에게도 그 시간은 퍽 즐거운 시간이 된다. 천천히 한 잔을 다 마셨는데도 아이는 갈 생각을 안 한다. 이제는 슬슬 선물을 사 집으로 돌아가야 한다. 걱정스레 아이에게 이제 그만 가자고 하니, 의외로 순순히 뒤를 따른다. 어쩌면 아이도 엄마가 멈춰주길 바랐을까? 우리는 에스컬레이터를 타고 다시 8층 아동 코너로 내려간다. 이리 기웃 저리 기웃 뭘 선물할까 고민 끝에, 역시 내의를 한 벌 사기로 한다. 사실 신생아 선물로 내의만 한 게 없다. 하루에도 수차례 옷을 갈아입어야 하는 신생아들에게 내의는 많을수록 좋은 것 같다. 회원카드를 가지고 있는 브랜드에 들어가, 내의를 고른다. 그사이 아이는 엄마 흉내를 내며 낮게 걸려 있는 옷가지를 구경한다. 가끔 "엄마, 이거 어때? 괜찮지 않아?"라고 하면서.

친구를 닮아 얼굴이 하얀 아기에게 꼭 어울릴 옅은 핑크색 내의를 골랐다. 친구와 아기도 지금의 우리처럼 건강하고 행복한 시간을 보내길 바라는 마음을 담아 예쁘게 포장한다. 아마 조만간 이곳을 다시 찾을 것 같다.

백 화 점 에 서
노　닐　다

선물을 전하고, 집 밖에 나가고 싶어 울상이 된 친구와 약속을 잡을 것이
다. "명동에서 만나, 신세계 본점 8층 유아휴게실에서, 오케이?" 🌷

롯데백화점 스타시티점

건대입구역의 새로운 랜드마크로 떠오른 스타시티에 위치한 롯데백화점도 엄마와 아이가 하루 시간을 보내기 좋은 장소이다. 대학가에 있다는 특성 때문인지 다른 곳에 비해 매장이 비교적 한가하다는 장점이 있다. 백화점 안에만 있기 지루하다면, 백화점과 연결되어 있는 스타시티 지하의 서점 '반디앤루니스'에 갈 수 있다. 반디앤루니스 스타시티점은 땅콩 모양의 컬러풀한 의자 등 유아용 서적 코너를 잘 꾸며놨다. 아이와 잠시 책을 고르는 여유를 주는 공간이다. 또 지하통로로 이마트가 연결되어 있어 나들이에 장보기까지 원스톱으로 해결할 수 있다.

◉ **롯데백화점 스타시티점** (문의: 02-2218-2500)
　영업시간: 10:30~20:00
　편의시설: 유모차 대여소, 아동놀이방, 유아휴게실 등

현대백화점 무역센터점

현대백화점 무역센터점은 국제무역센터인 코엑스와 같은 라인이다. 코엑스와 연결되어 있어 작정하고 나들이를 떠나면 좋다. 코엑스가 주가 되어도 좋고 백화점이 주가 되어도 좋다. 전자의 경우에는 코엑스에서 다양한 볼거리들을 체험한 후 백화점에 와서 잠시 쉴 수 있고, 반대의 경우는 백화점 나들이 후 코엑스에 들러 알찬 시간을 보낼 수 있다. 코엑스는 극장과 쇼핑몰 외에도 아쿠아리움, 야외분수 등이 있어 아이들과 함께하기에 더없이 좋은 곳이다.

◉ **현대백화점 무역센터점** (문의: 02-552-2233)
　영업시간: 10:30~20:00
　편의시설: 유아휴게실, 테라스가든, 고객휴식공간 등

백화점은요~

별다른 준비 없이 가볍게 떠날 수 있는 곳이 백화점이에요. 거의 모든 백화점 유아휴게실에는 많은 것이 갖춰져 있어요. 자주 먹고 배변이 잦은 신생아들은 그래도 젖병이며 기저귀를 많이 챙겨야 하지만, 돌 지난 후의 아이들이라면 웬만한 건 거기 다 있어요. 항균티슈며 손세정제도 있고 간혹 급하게 기저귀가 필요할 때 담당직원에게 얘기하면 주기도 해요. 수유하는 엄마를 위해서 수유실도 따로 마련되어 있고, 간이침대가 준비되어 있어서 갑자기 피곤해하면 잠시 눈을 붙이게 할 수도 있죠. 또 백화점 1층 인포메이션 센터에서 유모차 대여도

해주니까요, 무거운 유모차도 하루쯤 쉬게 해도 되고요. 그리고 어느 백화점이나 키즈 카페가 있어요. 작은 실내 놀이터라고 생각하시면 되는데요, 엄마 음료를 시키면 아이 노는 것은 무료니까 참고하세요. 음료는 5,000원에서 7,000원 선입니다. 대신 보호자가 꼭 같이 있어야 해서 아이 맡겨놓고 간단하게 쇼핑하는 것은 불가능하다고 해요. 하지만 어떤 백화점 키즈 카페 중에는 36개월 이후의 아이들을 시간당 비용을 받고 맡아주는 곳이 있답니다. 아이들이 조금 자라면 이용하면 좋을 것 같아요. 그리고 11층 푸드코트에 키즈메뉴가 있어요. 아직 아이가 1인분을 다 먹지 못해서 저는 함께 먹을 수 있는 걸 시켰는데, 독립심이 강하거나 식사량이 많은 아이들은 키즈메뉴를 따로 시켜줘도 좋을 것 같아요.

그리고 쇼핑에 관해 몇 가지 말씀 드리면요. 아이 키우면서 생긴 나름의 노하우인데요. 사실 백화점 옷 정말 비싸잖아요. 어떤 것들은 어른 옷보다 비

싸고. 다른 엄마들 다 그렇듯 저도 세일 시즌을 잘 이용해요. 30퍼센트 정도 저렴하게 살 수 있으니까요. 가격이 비싼 브랜드 세일 시즌에 사고 싶은 게 있으면 저는 주로 반팔 티셔츠 아이템을 구입해요. 반팔 티셔츠만큼은 비싼 걸 사줘도 될 것 같아요. 무슨 얘기냐 하시겠는데요. 사실 정장이나 드레스 등 비싸게 사야 한다고 생각하는 옷들은 얼마 못 입잖아요. 특별한 날 한두 번. 그런데 비싼 거 사기 너무 아깝잖아요. 그런 날은 저렴하지만 디자인이 독특한 옷들을 사고 액세서리로 포인트를 줘서 멋을 내는 게 나은 것 같아요. 대신 스커트나 팬츠에 다 어울리고, 오버올 안에 받쳐입는 등 여기저기 쓰임새가 많은 반팔 티셔츠는 비싼 걸 사도 그만큼 활용하니까 아깝지 않아요. 게다가 봄, 여름, 가을, 겨울 사계절 모두 사용할 수 있는 아이템이에요. 봄, 가을에는 가디건이나 후드점퍼와 함께 코디해주고, 여름엔 단독으로 겨울엔 톡톡한 긴팔 티셔츠 위에 레이어드해서 입힐 수 있거든요. 조금 넉넉한 사이즈로 사서 처음엔 쫄바지에 튜닉 스타일로 입히다가 다음해에 꼭 맞게 입히면 2, 3년은 거뜬하죠. 게다가 자주 빨아야 하는 티셔츠는 면이 좋고 질겨야 하는데, 값이 좀 비싼 것들은 목도 잘 안 늘어나고 물빠짐도 덜해서 입힐 때마다 새것 같답니다. 어쨌든 콧바람 쐬고 싶은데 아이 데리고 떠날 엄두가 나지 않을 때는 가까운 백화점에 가보세요. 뭘 사지 않아도 충분히 마음 놓고 쉴 수 있는 공간이 돼줄 거예요.

한국은행
시청
남대문시장
남대문지하상가
알파문구
본동의류상가
중앙상가
신세계
신세계
백화점
본점
회현고
숭례문
남대문
시장
대도
종합상가
아동
의류
상가
아웃백
우리은행
의류상가
유성상가
숙녀
의류
상가
회현역
대한전선
주
차
장
국제
수입상가
할리스커피
백화점 식생관·회현역
서울역
B
1
6
7
2
1
5
3
4

◉ 신세계백화점 본점 (문의: 02-1588-1234)
영업시간: 10:30~20:00
편의시설: 유모차대여소, 베이비컨설턴트,
　　　　　키즈 카페, 유아휴게실, 스카이파크 등

알뜰살뜰 시장놀이

동대문 평화시장

“아빠, 오늘 소울이 옷 많이 샀어!” 헉, 심장이 내려앉았다.

남편은 내 눈치를 슬쩍 보더니 아이에게 물었다.

“많이? 얼마나 많이?” “아주 많이!”

당장이라도 고무장갑으로 아이의 입을 막고 싶었다.

“그래? 마음에 들었어? 예뻤어?” “응, 예뻤어. 보여줄게.”

아이는 빠른 걸음으로 방에 들어가 서랍을 열고 옷을 꺼내왔다.

한 벌, 두 벌, 세 벌…… 끊임없이 나오는 옷에

남편은 기가 막혔는지 그저 웃고만 있었다. 나는 미처 깨닫지 못했다.

아이가 이제 지난 시간을 기억해 말할 수 있다는 것을,

그리고 늘어난 말솜씨 만큼 서랍장에 손이 닿을 정도로

키도 훌쩍 자랐다는 사실을.

GREEN TOMATO
LOVE
Goody 5¢
gt

 몰래한 경험, 누구나 있을 것이다. 나도 있다. 낭만적인 경험도 있고, 그리 낭만적이지 못한 경험도 있다. 예를 들어 몰래한 사랑이 낭만적이라면, 몰래한 쇼핑은 전혀 낭만적이지 않다. 아줌마라면 누구나 공감할 몰래한 쇼핑. 몰래 주문한 택배. 혹여 들킬까, 쭈뼛하게 긴장하는 순간의 기억이 있다. 그래도 그동안은 비교적 완벽하게 목적을 달성했다. 그런데…….

입이 트인 아이는 하루가 다르게 말이 늘었다. "엄마 물 줘, 엄마 가자, 아빠 놀자" 등 짧은 문장에서 어느새 "엄마 이건 흰머리야?" 등 안 해도 될 구체적인 표현까지 가능해졌다. 그리고 어느 순간 간단한 수다도 가능해졌다. 마냥 기특했다. 어이구 내 새끼, 말도 이렇게 잘하고. 어깨춤이 저절로 났다. 쓰레기 좀 버리고 오라는 쉬운 심부름부터, 아빠를 깨우라는 어려운 부탁까지 아이는 잘도 들어줬다. 아이가 유창하게 말을 하게 된 것이 꿀보다 달콤했다.

그러나 그 속에 대반전이 숨어 있을 줄이야. 할리우드 블록버스터 저리 가라 할 결말이 나를 기다리고 있었다. 때는 화창한 봄날이었는데, 그날 아침은 유난히 상쾌했다. 신랑이 나가고, 콧노래를 부르며 아이와 외출 준비를 했다. 그리고 우리는 마음으로만 들을 수 있는 소리를 따라 길을 나섰다. 이른 아침잠을 깨운 청아한 소리, 백화점 세일을 알리는 소리였다. 그 맑고 고운 소리는 귓가를 맴돌며 몸속에 있는 아드레날린을 전부 쏟아내고 있었다.

드디어 우리는 백화점 입구에 도착했다. 커다란 유리문이 열리기 3분 전이었다. 주위를 살피니 나와 같은 목적을 가진 엄마들이 눈에 띄었다. 평소에 엄두도 못 내던 수입 아동복을 70퍼센트까지 할인판매한다는 문자 메시지를 저 아줌마들도 받은 게 분명했다. 아이의 손을 꼭 잡은 나는 마치 100미터 달리기를 앞뒀을 때처럼 배꼽 위가 찌르르 간질거렸다. 이겨야 한다. 그 어느 때보다 전의를 불태웠다. 아예 아이를 번쩍 들어안았다. 길게 늘어서 아침인사를 하는 백화점 직원들을 지나 일등으로 에스컬레이터에 탑승했다. 본래 에스컬레이터의 역할을 잊고, 계단 오르기 기네스북 도전자처럼 빠르게 올라갔다. 영문 모르는 아이는 눈을 동그랗게 뜨고 말했다. "엄마! 왜 그래!" '왜 그러긴, 왜 그러겠니. 너도 크면 엄마를 이해할 날이 올 거야. 지금은 우리 아무 말 말자.' 그렇게 뛰고 또 뛰어 나는 일등을 했다.

일등의 기쁨을 누릴 새도 없이, 아이를 한 팔에 안고 한 손으로 재빠르게 본작업에 착수했다. 디자인별로 아이에게 맞는 사이즈를 골라냈다. 그렇게 선점한 물건을 한아름 들고 일단 뒤늦게 몰려드는 엄마들 틈을 빠져나왔다. 그리고 매장 한편으로 가서 아이를 내려놓고 숨을 돌렸다. 승자만이 가질 수 있는 여유였다. 그 기쁨을 만끽하며 나는 천천히 넣고 뺄 것을 결정했다. 애당초 잡은 예산에 맞춰야 했다.

그러나 알 수 없는 것이 인생이다. 언제나 예산에 맞춰 지출을 할 수도 없는 노릇이다. 이건 결혼식이나 행사에 입히면 좋겠고, 이건 평상복으로 딱이네, 이건 가볍게 외출할 때 좋고, 이건 훌륭한 간절기 아이템이군, 어

알 뜰 살 뜰
시 장 놀 이

맛, 이건 좀처럼 만나기 힘든 디자인이잖아! 결국 계산대에 선 나는 예산을 훌쩍 초과한 금액을 보고 슬며시 눈을 감아야 했다. 당분간 아이 옷 안 사면 되지 뭐, 하고 위안하면서.

그런데 문제는 그날 밤에 벌어졌다. 쇼핑을 마치고 일찌감치 들어와 아이 서랍에 새로 산 옷들을 잘 정리했다. 서랍 구석에 고이 모셔놨으니, 일부러 찾지 않으면 남편은 모르고 넘어갈 것이었다. 간혹 새 옷을 입은 아이를 보며 물어오는 신랑의 질문에는 지나다 한 벌 장만했다며 얼버무리면 그만이었다. 마음을 놓고 기분 좋게 저녁식사를 마치고 설거지를 하는데, 아빠랑 놀던 아이가 말하는 소리가 들렸다.

"아빠, 오늘 소울이 옷 많이 샀어!" 헉, 심장이 내려앉았다. 남편은 내 눈치를 슬쩍 보더니 아이에게 물었다. "많이? 얼마나 많이?" "아주 많이!" 당장이라도 고무장갑으로 아이의 입을 막고 싶었다. "그래? 마음에 들었어? 예뻤어?" "응, 예뻤어. 보여줄게." 아이는 빠른 걸음으로 방에 들어가 서랍을 열고 옷을 꺼내왔다. 한 벌, 두 벌, 세 벌…… 끊임없이 나오는 옷에 남편은 기가 막혔는지 그저 웃고만 있었다. 나는 미처 깨닫지 못했다. 아이가 이젠 지난 시간을 기억해 말할 수 있다는 것을, 그리고 늘어난 말솜씨만큼 서랍장에 손이 닿을 정도로 키도 훌쩍 자랐다는 사실을.

그 후 한동안 눈치를 보며 쇼핑을 할 수 없었다. 그게 내 옷이면 부어터진 얼굴로 죽을 때 입고 죽을 거라고 생떼를 쓰면 됐지만, 내가 봐도 아이 옷에 생활비를 너무 많이 써버린 탓이었다. 결국 한 달여 자숙의 기간을 갖게 됐다. 이제 좀 움직여도 되겠지 싶었다. 다시는 충동구매 안 하리라, 마음먹고 이번엔 시장구경을 떠나기로 했다. 시장은 북적북적 재미있는 구경거리도 많고, 윈도쇼핑으로 눈도 즐거워지고 어쩌다 한두 가지 물건을 사더라도, 카드가 안 되니 예산에 꼭 맞추어 쇼핑할 수 있는 곳이라 큰 걱정 없었다. 맛도 있고 멋도 있고 재미도 있는 곳. 우리 모녀는 오늘 천천히 걸어 시장을 둘러보기로 했다.

가벼운 마음으로 오랜만에 시장구경 나서는 길 또한 상쾌하다. 세일을 알리는 영롱한 멜로디는 없지만, 사람들 틈에서 구경할 수 있다는 기대에 신이 난다. 그런데 한 가지 고민이 밀려온다. 지하철이냐, 버스냐. 지하철이면 동대문역에서 내리느냐, 동대문운동장역에서 내리느냐, 그것이 문제인 것이다. 도매시장들은 두 역의 중간쯤에 위치해 갈 때마다 고민을 하게 된다. 결국 버스를 타기로 한다.

외국인 관광객들이 한국에 오면 꼭 들르는 관광지이자, 우리나라 최고의 의류도매시장 밀집지역인 동대문. 그곳으로 향하는 버스는 어느 동네에나 하나씩 있거나, 적어도 한 번의 환승으로 해결할 수 있을 정도로 서울 곳곳에 있다. 우리 동네도 예외는 아니라서, 한 번에 동대문까지 가는 버스가 있다. 다만 버스보다는 지하철이 쾌적하고, 시간도 적게 걸려 주로 지하철을 이용했다. 하지만 오늘은 버스를 타기로 한다.

버스에 올라 일단 자리에 앉자 아이는 상기된 표정이다. 들고나는 사람들과 창밖 풍경을 구경하느라 눈을 동그랗게 뜨고 조용히 앉아 있다. 그러나 고요는 잠시, 차가 막히고 내리는 사람보다 타는 사람이 많아 슬슬 짜증을 내기 시작한다. 창문을 열어라, 닫아라 하더니 이내 내리겠다고 몸을 활처럼 펴며 시위를 한다. 때마침 참견하기 좋아하는 어르신 한 분이 한마디 하신다. "어허, 그럼 못 써." 놀란 아이는 입을 비죽이다 눈물을 쏟는다. 미안한 얘기지만 그럴 땐 잠시 지켜봐주면 좋겠다. 걱정스러운 마음에 해주는 말씀은 감사하다. 그러나 어른도 답답한 환경에서 이제 걸음마하는 아이들에게 무조건 참으라고 하는 건 분명 어려운 일일 것이다. 물론 나도 아이를 낳기 전에는 조용한 실내에서 울고불고 하는 아이들 소리에 인상을 찌푸렸다. 대놓고 말하진 못했지만 '좀 조용히 시키지, 엄마는 뭐 하나' 속으로 흉본 것도 사실이다. 애가 저렇게 되도록 부모는 뭘 했냐고 구시렁거리기도 했다.

그런데 지금은 생각이 달라졌다. 엄마가 되고 아이의 눈높이로 세상을 보게 되었기 때문이다. 어떤 관계든 역지사지해봐야 안다고, 아이 입장에서 생각하니 무조건 얌전히 있으라는 것은 견디기 힘든 노릇이다.

그렇다고 무조건 참고 받아주라는 것이 아니라, 충분히 받아들이고 이해할 수 있는 여유와 시간을 줬으면 좋겠다는 것이다. 공공장소에서의 예절교육은 아이들보다 어른들에게 더 필요하지 않을까? 자 그런데 이쯤 되면 이런 얘기가 나올 것이다. "그럼 그냥 집에 있지 왜 나와? 애 힘들어하는데 뭐 하러 돌아다녀." 직접 듣지 않아도 이런 얘기를 접하면 참 슬프다. 그렇다면 아이 키우는 엄마들은 아무것도 하지 말고 집에만 있으라는 소리인데, 정말 야속하다. 전에도 말했지만, 어느 관계에서나 역지사지해야 한다.

아기엄마들도 여느 세상 사람들과 똑같이 먹고 싶고, 보고 싶고, 사고 싶고, 듣고 싶고, 즐기고 싶고, 만나고 싶은 인간의 기본적인 욕구를 가진 사람들이다. 그들이 잠시 하늘 보며 살아 있음을 감사하겠다는데 그게 그렇게 안 될 일인가? 남들처럼 자기 자신만 생각하며 하루를 보내겠다는 것도 아니고, 어렵게 아이 데리고 바람 좀 쐬겠다는데 야박하게 그럴 것까진 없지 않을까? 버스나 지하철에서 종종 보이는 아기와 엄마 들은 그날 큰마음 먹고 세상구경을 나섰을 것이다. 오늘만큼은 행복하고 싶다는 소박한 소망을 가지고 말이다. 그러니 세상 사람들이 우리를 좀 응원해줬으면 좋겠다. 아이를 안고 힘들게 서 있으면 이왕 나온 거 편히 가라고 자리도 양보해주고, 땀 흘리며 아이와 짐에 눌려 있으면 힘들어도 잘 놀다 가라고 도움도 주고, 울고 떼쓰는 아이와 씨름하고 있으면 그래도 오랜만에 나왔으니 잘 달래 즐거운 하루 보내라고 격려의 눈빛도 보내줬으면 한다. 그거 어려운 일 아니다. 하루 종일 육아에 시달리는 엄마들의 고충에 비하면 참 간단하고 쉬운 일이다.

우는 아이를 진정시키느라 진땀을 빼는 동안 어느새 버스는 동대문운 동장에 도착했다. 내리자는 말에 표정이 환해지는 아이. 집에 갈 때는 발 길 닿는 대로 걸어가 지하철을 타야겠다고 생각한다. 우선 우리는 큰길에 서 한 블록 들어가 있는 동평화시장으로 갔다. 집에서 입을 여름 내의가 필요했기 때문이다.

동평화시장 2층에는 아이들 내의를 산처럼 쌓아놓고 파는 '해피유통' 이 있다. 짝을 맞춰놓지 않아 알아서 잘 골라야 하지만, 위아래 각각 2,000원에 살 수 있다. 거의 모든 제품이 이름만 대면 알 만한 국내 브랜 드 재고품이기 때문에 면도 좋은 편이다. 내의, 특히 여름 내의는 땀을 많 이 흘려 자주 갈아입혀야 하기 때문에 많을수록 좋다. 그래서 여름이 시 작되면 해피유통을 찾아 2~3만 원에 한여름 입힐 내의를 잔뜩 준비한 다. 간혹 운이 좋으면 스커트나 티셔츠 등 외출복도 3~4,000원에 손에 넣을 수 있어 고르는 재미가 쏠쏠하다.

하지만 워낙 길이 좁고 좋은 물건을 고르려는 엄마들이 쉬지 않고 찾아 오는 통에 매대가 혼잡해 아이가 걱정스럽다. 혼자 갔다면 후배 엄마들에 게 옷 고르는 데 훈수도 놓으며 시간을 보냈겠지만 아이를 생각해 필요한 것만 얼른 골라 나온다. 오늘은 친구 아이와 조카에게 줄 내의도 한 벌씩 골랐다. 예쁘게 포장해서 선물할 생각을 하니 벌써 기분이 좋다.

다음 행선지는 제일평화시장이다. 제일평화시장은 늦은 밤 도매시장으 로 많이 알려져 있지만, 낮 동안은 소매를 대상으로 영업을 한다. 언젠가

알 뜰 살 뜰
시 장 놀 이

제 일 평 화
출산 준비울
일절 있읍니다
Jenni
SKILLFULL

307
알뜰살뜰
시장놀이

개그 프로그램에서 동대문 옷가게 상인들의 모습을 재미있게 표현했다. 손님이 와도 심드렁하게 밥을 먹고, 무조건 어울리고 맞는 옷이라고 우기는 그들의 모습에 공감하며 웃었던 기억이 있다. 동대문시장 나들이를 가본 사람들은 알겠지만, 다른 상인들과는 구별되는 그들만의 카리스마가 있다. 이상하게 돈 내고 사는 입장에서 자꾸 주눅이 든다. 학창시절 선도부 언니처럼 똑바로 안 하면 혼날 것 같은 느낌이 있다.

그런데 더 이상한 점은 그럼에도 불구하고 발길을 끊을 수 없다는 것이다. 아마도 좋은 질과 상대적으로 저렴한 가격, 앞서가는 디자인 때문일 게다. 큰돈 안 들이고 멋쟁이가 될 수 있는데, 그깟 주눅 좀 든다고 포기하기는 쉽지 않다. 다행히 소매를 상대하는 낮에는 주인들의 카리스마가 조금 수그러든다. 밤에는 날카로운 안목으로 물건을 사고파는 진짜 장사꾼들의 모습을 볼 수 있지만 한낮은 한가로움 그 자체인 것이다.

지하 1층까지 포함 총 4개 층으로 구성된 제일평화시장 3층으로 가면 아동복 매장을 만날 수 있다. 여성복이나 남성복을 파는 매장들은 문 닫은 곳이 더 많지만 대부분의 아동복 매장은 아이와 함께 찾은 엄마들을 위해 낮 동안 열려 있다.

미로 같은 매장 안으로 들어선다. 사람이 많으면 좁은 길이지만, 한적한 시간이라 다니는 사람이 적어 큰 불편 없이 구경할 수 있다. 아이 눈높이에 맞춘 매대가 있는 매장도 많아 아이도 함께 구경하며 즐거워한다. 매장마다 각각의 특징이 있어 미로 속을 헤매는 것이 지루하지 않다.

몇 번 방문하다보면, 이 집은 편안한 트레이닝복 스타일이고 저 집은

알뜰살뜰
시장놀이

어른 옷처럼 시크한 스타일, 요쪽 집은 엄마와 아이가 세트로 입을 수 있는 옷을 파는 곳, 가운뎃집은 공주님풍 옷을 팔고 어느 집은 수입 보세의류를 싸게 파는 곳이라는 걸 알게 된다. 그리고 조금만 발품을 팔면 아이에게 싸고 예쁜 옷을 입힐 수 있다는 것도 알게 된다.

또 의류뿐 아니라 가방, 우산 등 말 그대로 패션잡화만 전문적으로 파는 곳도 있고, 아이들이 좋아하는 캐릭터 용품만 파는 곳도 있다. 그런 매장은 아이에게 또다른 재미를 준다. 열심히 옷을 고르다보니, 아이가 제 또래 아이와 눈을 맞추고 있다. 그 옆엔 아이의 엄마가 옷을 고르고 있다. 진지하게 눈을 맞춘 아이들이 무슨 생각을 하며 서로를 바라보는지 궁금하다. "너도 엄마 따라왔니? 나도 그래. 근데 우리 엄마 안목이 영 별로야, 나는 여성스러운 스타일이 좋은데, 우리 엄만 자꾸 추리닝만 산다." 뭐 이런 대화를 나누고 있는 건 아닌지. 오가며 마주치는 친구들을 보는 재미 덕에 아이는 말없이 엄마의 손을 잡고 시장구경을 한다.

이번에도 윈도쇼핑만 하겠다는 다짐은 지켜지지 않았다. 그러나 무거운 손만큼 지갑도 두툼히 지켜냈으니 이 정도면 성공한 쇼핑 아닐까? 그래도 오늘 저녁 아빠를 만난 소울이가 과묵해졌으면 한다. 침묵은 금이라는 진리를 우리 딸은 언제쯤 깨달으려나. 그날이 빨리 왔으면 좋겠다. 🌸

❀ 강남고속버스터미널 꽃시장

향기로운 시장구경을 하고 싶다면 강남고속터미널 경부선 3층에 위
치한 꽃시장으로 가보자. 꽃시장 하면 양재동 꽃시장이 유명하지만,
이곳은 대중교통을 이용해 엄마와 아이가 쉽게 갈 수 있는 곳이다.
생화시장은 낮 3시까지 문을 열고, 조화 매장은 그 이후에도 구경할
수 있다. 지하에 영풍문고가 있으므로 꽃과 관련된 책을 미리 찾아보
고 가는 것도 방법이겠다. 이외에도 강남고속버스터미
널은 꽃시장, 서점 외에도 원단시장과 백화점, 지하상
가 등 여러 가지로 볼거리가 많아 하루 나들이 코스로
안성맞춤이다.

❀ 동네 재래시장

마트가 없던 어린 시절엔 엄마와 손잡고 시장 가는 재미도 쏠쏠했다.
지금은 일부러 찾아가는 길이 됐지만, 아직도 동네 곳곳에 건재하는 재
래시장이 있다. 넉넉한 인심에 덤은 필수인 재래시장을 찾아보는 것도
좋은 나들이가 될 것이다. 만약 동네 재래시장을 보기 힘들다면 제기동
약령시장이나 청량리 청과시장, 가락동 농수산물시장, 노량진 수산시장
등 이름난 시장을 일부러 다녀온다면, 엄마는 추억을 찾고 아이는 새로운
경험을 하는 의미 있는 하루가 될 것이다.

◈ **동평화시장** (문의: 02-2238-1833)
　영업시간: 지하층~1층 21:00~익일 12:00 / 2층~3층 08:00~18:00
　　　　　　4층 21:00~익일 12:00 / 일요일 휴무

◈ **제일평화시장** (문의: 02-2252-6744)
　영업시간: 21:00~익일 17:00 / 매주 토요일 17:00~일요일 19:00까지 휴무
　주차시설: 기본 30분 2,000원(10분당 500원)
　대중교통: 지하철 2, 4, 5호선 동대문운동장역 1번 출구 / 지하철 1, 4호선 동대문역 6번 출구

동대문 평화시장은요~

제일평화시장이나 동평화시장을 가려면 버스를 타고 동대문운동장에서 내리면 됩니다. 지하철을 이용해도 좋지만 계단도 많고, 워낙 복잡해서 될 수 있으면 버스 타는 걸 추천해요. 승용차를 가지고 오면 다른 패션몰 주차장이나 공영주차장을 사용할 수 있지만 비싼 주차비용을 감수해야 하기 때문에 권하고 싶지 않아요. 대중교통이 많은 곳이고, 사람들이 많이 움직이지 않는 평일 낮을 이용하면 버스로 움직이는 것도 나쁘지 않습니다.

우선 해피유통은 동평화시장 나동 67, 68호인데요. 어렵지 않게 찾을 수 있어요. 동평화시장은 국내 유명브랜드 의류의 덤핑판매로 워낙 유명한 곳이에요. 동대문운동장에서 청계7가 쪽으로 가다보면 커다란 간판을 확인할 수 있습니다. 그리고 제일평화시장은 두타 건너편 버스정류장에서 포장마차들을 지나 도매시장으로 진입하는 큰길로 들어가면 왼편에 바로 보여요. 1층에 신한은행이 있는 건물이 제일평화시장이에요. 이곳은 멋쟁이들이 자주 찾는 도매시장인 만큼 매장마다 개성도 가득하고, 스타일 좋은 옷들이 많죠. 아동복 매장은 주로 3층에 모여 있지만 1층에도 몇 집 있어요. 1층, 3층 모두 엄마 옷 매장과 함께 있으니 겸사겸사 둘러보는 것도 좋아요. 간혹 깎아주기도 하지만 다른 소매점에 비해 싸게 판다는 이점 때문에 흥정이 잘 안 이뤄지죠. 그런데 가끔 소매라고 제값 다 받는 매장도 있어요. 아이 데리고 발품 팔아 갔는데, 그렇게 되면 좀 억울하겠죠. 도매시장 구경 갈 계획이라면 전날 아이 재워놓고 인터넷 쇼핑몰에서 가격 검색을 좀 하고 가는 것도 도움이 될 거예요. 어디서 보니 얼마던데, 좀 싸게 해달라고 하면 흥정이 쉬워지니까요.

그리고 백화점에만 할인상품이 있는 게 아니라, 이곳에도 할인상품이 있답니다. 눈썰미 있는 엄마들은 시장에서 더 싸게 물건을 사기도 하니까요. 놓치지 말고 꼼꼼히 살펴보세요. 또 제일평화시장 내에 층마다 매점이 있고 화장실도 잘되어 있어서 갑작스러운 아이들 요구에 당황하지 않을 수 있어요. 만약 밥을 먹어야 한다면, 건너편 두타로 가는 방법이 좋을 것 같아요. 푸드코트에 한식, 중식, 일식 등 다양한 메뉴가 있어 선택의 폭이 넓으니까요. 공간도 넓어서 동대문 매장 중에서 애들 밥 먹이기 제일 좋은 곳인 것 같으니, 참고하세요. 또 엄마가 차를 마시면 무료로 이용 가능한 키즈 카페도 있어요.

숨겨둔 보금자리, 카페 산책

홍대 앞 카페

문제는 공간이었다. 집 안 어느 곳도 자유로울 수 없었다.

방에서 자리잡고 작업을 시작한 지 30여 분 정도 지나면 아이가 궁금했다.

몸은 방 안에 있었지만 마음은 아이에게 가 있었다.

결국 나는 오롯한 혼자만의 공간을 찾아나섰다.

그런데 갈 곳 없는 아줌마를 두 팔 벌려 받아주는 곳이 있었다.

바로 카페였다.

그림책상상

어느 때부터인가, 나는 '공유'되었다. 나라는 한 인간을 온전히 내 몫으로 차지하는 일은 불가능했다. 나 이외에도 나를 써야 할 사람들이 늘어났기 때문이다. 신랑, 아이를 비롯해 그들과 연결된 사람들까지. 출산 이후 가장 호사스러운 때는 내가 나를 쓰는 시간이었다.

사람들은 늘 나에게 바쁘냐고 물었다. 그들은 당연히 바쁘지 않다는 대답을 기대하는 듯했다. 하지만 그들의 바람과 다르게 난 바빴다. 애도 보고, 글도 써야 했으니까. 그러는 중간중간 취재를 다니며 자료도 찾아야 했고, 정보가 바뀌었을지 몰라 아이와 이곳저곳을 다시 돌아다녀야 했다. 다른 워킹맘처럼 애 봐주는 사람이 따로 없어 그야말로 나를 쪼개 쓰고 있었다. 엄마, 아내, 며느리, 딸, 원고 마감을 앞두고 있는 글 노동자로. 어쩔 수 없이 잠을 줄이거나, 이 사람 저 사람에게 부탁해 나를 쓸 수 있는 몫을 챙겼다.

문제는 공간이었다. 집 안 어느 곳도 자유로울 수 없었다. 방에서 자리 잡고 작업을 시작한 지 30여 분 정도 지나면 아이가 궁금했다. 몸은 방 안에 있었지만 마음은 아이에게 가 있었다. 결국 나는 오롯한 혼자만의 공간을 찾아나섰다. 그런데 갈 곳 없는 아줌마를 두 팔 벌려 받아주는 곳이 있었다. 바로 카페였다. 잠시 짬이 나면 나는 노트북을 챙겨들고 집 가까이 있는 카페로 향했다. 그러면 이어폰을 꽂고 집중해 원고작업을 할 수 있었다. 된장녀라는 조롱이 우습다는 듯 '별다방'을 필두로 번진 카페문화가 나에게 이렇게 큰 선물이 될 줄 몰랐다.

10년 전에는 부부싸움을 하고 집을 나가도 갈 곳이 없었다. 그때 붙잡지 말라고 했다고 진짜 안 붙잡는 남편을 물 먹일 생각이었다. 집에 들어가지 않겠다 마음먹었다. 추운 겨울 진눈깨비가 눈앞을 스쳤다. 찜질방도 별로 없던 시절, 집 근처에 큰돈 들이지 않고 갈 만한 곳이라고는 PC방뿐이었다. 커다란 트렁크를 들고 들어간 지하 PC방은 담배연기가 자욱했다. 생전 처음 가본 PC방이었다. 남들이 다 한다는 게임도 못하고, 채팅 사이트 아이디도 없던 나는 문서 파일을 열어놓고, "재수 오바리 캡숑 브이티알?"만 반복해 입력하고 있었다. 결국 쪽팔렸지만 세 시간 만에 패배를 인정하고 집으로 들어갔다. 지금은 그때처럼 싸울 일도 없지만 만약 똑같은 상황이 벌어진다면 이번엔 이길 자신이 있다. 내 뒤에는 든든한 카페들이 버티고 있기 때문이다.

이제 동네마다 작은 카페 하나쯤은 자리 잡고 있는 그런 시대가 됐다. 게다가 지금의 카페는 예전처럼 닫힌 공간이 아니다. 미팅을 하고 담배를 피우기 위해 숨어드는 공간이 아닌, 담론과 문화가 있는 열린 공간. 사르트르와 보부아르처럼 개인 작업실이 될 수도 있고, 오스트리아의 소설가 알텐베르크가 느꼈듯 집보다 아늑한 곳, 『해리포터』를 쓴 조앤 롤링의 경우처럼 아이와 언 몸을 녹이며 희망을 도모할 수도 있는 그런 공간이어야 했다. 그런 의미에서 카페들은 제법 제자리를 찾은 듯하다. 때론 육아에 지친 엄마들에게 마음의 사치를 누릴 수 있는 공간이 되어주기도 힌다.

혼자만의 공간이 아니더라도, 스스로를 돌아보고 자아를 찾을 수 있는 따뜻한 공간의 역할을 충분히 하고 있는 것 같다. 그러나 많은 엄마들에게 집에서 마실 수도 있는 커피 한 잔 값은 아까운 것이 사실이다. 하지만 마시고 버리는 커피 한 잔이 아닌, 지친 영혼을 치료하는 대가라고 생각하면 어떨까? 우리도 단골 카페가 선사하는 인생의 사치를 한번 누려보는 것도 괜찮지 않을까 싶다.

언제나 예의주시했다. 호시탐탐 기회를 노렸다. 도대체 언제쯤 이 아이와 단둘이 카페에 앉아 시간을 보낼 수 있을까? 18개월 때쯤 서투르지만 크레파스를 손에 쥐고 스케치북에 낙서를 시작한 그날, 나는 드디어 카페로 향했다. 마침 그날은 사는 게 한결같고, 일상이 남루하다는 생각뿐이었다. 호기심 많은 아이는 벽지를 손으로 뜯었고, 거울에 비친 내 머리도 반은 뜯겨나간 듯 엉망진창이었다. 먹는 것보다 노는 것에 관심이 많은 아이를 달래 한 시간 동안 밥을 먹이고, 사방에 널려 있는 장난감을 한 시간 동안 치웠다. 기분전환해보겠다고 접속한 인터넷 블로그에서 친구는 해외여행을 다녀왔는지, 멋진 사진을 잔뜩 올려놓았다.

일상의 때를 벗겨야만 했다. 박박, 시원하게. 일상의 묵은 각질을 벗겨내고 '뽀샤시'한 새로운 날을 맞고 싶었다. 커다란 가방에 스케치북과 색연필을 넣고, 아이가 쏟은 물에 젖어 두툼하게 불어난 책 한 권도 넣었다. 그러고 나서 카페로 갔다. 동네 카페에는 대학생 커플과 회의 중인 듯한 직장인 몇이 보였다.

먼저 소파를 찾아 아이를 앉혔다. 1인용 의자를 몇 개 가져와 사방을 막았다. 혹시 있을 안전사고를 미연에 방지하기 위한 것이었다. 우리는 그렇게 커피 한 잔과 주스 한 잔을 시켜놓고 시간을 보냈다. 물론 조용히 책을 읽는 일은 좌절되었지만, 아이와 빨간색, 파란색 펜으로 마구 낙서하자 스트레스가 풀렸다. 남루했던 일상의 때가 벗겨지고, 색이 입혀지는 순간이었다. 그 후로 까닭 없이 짜증이 나거나, 이유 없이 남과 비교하며 인상 쓰게 되는 날이면 조용히 가방을 챙겨 카페로 간다. 그곳은 마음의 안식을 찾을 수 있는 또 하나의 공간이다.

카페 문화에 익숙해진 우리 커플은 다른 동네 카페로 원정을 다니기도 한다. 새롭고 특별한 공간에서 전혀 다른 삶의 모습을 구경하며 한나절을 보내곤 한다. 그것은 낯가리는 아이에게도 도움이 되고, 울타리 밖 세상이 간절한 나에게도 좋은 시간이 된다. 우리는 그야말로 산책하듯 카페를 찾는다. 그러면 가벼운 발걸음으로 바람을 쐰 것처럼 상쾌해진다. 그리고 그 산책은 우리의 하루를 참 반짝반짝 빛나게 해준다.

숨겨둔 보금자리,
카 페 산 책

PLAY #03
F U N

숨겨둔 보금자리,
카 페 산 책

오늘 산책 코스는 홍대입구이다. 한때 수시로 드나들며 살아 있음을 만 끽하던 장소. 그곳은 소리 내어 발음하는 것만으로도 자유로운 인생이 펼 쳐질 것 같다. 사실 오늘 홍대 나들이를 계획한 것은 '그림책상상'에 다녀 오기 위함이다. 그림책상상은 국내 유수 작가들의 그림책부터 보기 힘든 해외 여러 나라의 그림책까지 구비해놓은 곳이다. 또 원화 전시회도 함께 하고 차도 마실 수 있다기에 궁금해 한번 다녀오기로 한 것이다. 남의 서 재를 훔쳐보는 즐거움이 있어 자주 찾던 북카페를 아이와 갈 수 없어 아 쉬웠는데, 아이와 함께 갈 수 있는 곳이 있다는 솔깃한 제보에 당장 떠날 채비를 한다.

6호선 상수역에서 내려 에스컬레이터를 타고 3번 출구로 나와 길을 건 넜다. 모퉁이에 있는 파리바게뜨를 끼고 도니 극동방송국이 있는 거리가 펼쳐진다. 2호선 홍대입구역 리치몬드제과점 쪽이 더 익숙하지만, 이곳 은 한적해서 좋다. 그쪽이나 이쪽이나 홍대로 가기 위해 걷는 거리라는 점은 같다. 혼자일 때는 후루룩 계단을 뛰어올라 인파를 헤치는 재미도 쏠쏠하지만 아이와 홍대입구를 찾을 때는 6호선 상수역 방향을 추천한 다. 비교적 최근에 생겨 에스컬레이터 등 편의시설도 잘되어 있고, 너무 붐비지 않아 좋다.

일단 목적지를 향해 간다. 한때 해질녘에 도착해 새벽녘까지 시간을 보 내던 길이다. 술을 이기지 못해 실례했던 전봇대 앞에서는 괜히 고개를 돌리게 된다. 어젯밤에도 분명 청춘의 외침이 골목 곳곳에 울렸을 것이 다. 그러나 아직은 오전인 시간, 지난밤의 열기는 온데간데없다. 고요하고 평범한 일상의 공기만 떠다닐 뿐이다. 익숙한 곳에서 낯선 풍경을 즐기며 그림책상상을 찾아간다.

극동방송 사이 골목길을 따라 올라가다 빌라 옆 골목길로 좌회전하니 모던한 건물에 '그림책상상' 이라는 간판이 보인다. 밖으로 난 높지 않은 계단을 따라 들어가니 아늑한 카페가 나온다. 그러나 한눈에 우리를 사로잡은 것은 책장 속 그림들과 벽에 전시된 원화들이다. 알록달록 색색의 그림책들을 보고 있자니 마치 사탕가게에 온 듯 달콤한 기분이다. 소울이도 막대사탕이라도 손에 쥔 듯 상기된 표정이다.

커피를 한 잔 시키며 물어보니 전시되어 있는 책들은 판매용이라 테이블로 가져와 볼 수가 없단다. 일단 자리를 잡아 짐과 커피를 내려놓고 아이와 그림책 구경에 나선다. 2층은 사무실이라는데, 올라가는 계단 곳곳에도 그림책이 진열되어 있다. 펼쳐 보지 않아도, 책의 커버만으로도 충분히 볼거리가 많다. 아이는 그림책을 보며 간혹 알고 있는 동물이나 사물이 나오면 반가워한다. 엄마 입장에서는 한국이 아닌 다른 나라의 그림책들을 많이 접할 수 있어 참 좋다. 왠지 다른 듯한 색감과 그림 스타일이 새롭다.

한참 그림책 구경을 하고 자리로 가니 커피는 이미 식어 있다. 식은 커피를 냉수 마시듯 들이켜고 그림책상상에서 나온다. 갈 곳이 많이 남았기 때문이다. 한 번에 들이킨 쓴 커피는 뽀빠이의 시금치처럼 순간의 에너지를 선사한다. 이제 아이와 놀이터 쪽으로 가볼 생각이다. 홍대 놀이터는 아이들의 놀이터라기보다 어른들의 놀이터로 더 유명하다. 손으로 만든

그림책상상 Picturebook Store & C

그림책상상

개성만점의 다양한 핸드메이드 제품을 파는 좌판이 모여 있다.

스카프나 액세서리 따위를 구경하며 유유히 시간을 보내려는데, 아이가 놀이터를 발견하고 말았다. 온통 낙서 범벅인 미끄럼틀은 안 되겠다 싶어 그네만 타는 것으로 합의를 봤다. 무조건 안 된다고 하는 것보다 설명해주고 둘 중 나은 것을 골라 선택하게 하면 어느 정도 설득이 가능하다. 처음에는 혹시 너무 이르게 좌절감을 느낄까봐 하고 싶다는 것은 다 들어주기도 했다. 그랬더니 순 떼쟁이가 되어 자기 것만 챙기려 드는 것이 아닌가. 이건 아니다 싶어 다음엔 단호히 안 된다고 포기시켰다. 그러자 이번엔 심하게 주눅이 들거나 갑자기 히스테리를 부리곤 했다.

이런저런 시행착오를 거쳐 이제야 아이 마음 다치지 않게 하면서 좋은 효과를 거둘 수 있는 노하우가 생겼다. 물론 아직도 벽에 가로막힌 듯 답답한 순간이 한두 번이 아니지만 그래도 조금씩 나아지는 모습에 스스로 만족하려 한다. 어쨌든 동네 놀이터와 달리 경쟁자 없이 타려니 저도 재미가 덜했는지 금방 그네에서 내려온다. 쿨하게 가자는 아이에게 엄마 말 잘 들어 정말 예쁘다며 칭찬을 해주고 다음 목적지로 향한다.

이번에도 카페다. 놀이터 바로 앞에 있는 '찰리브라운 카페'. 이곳은 우리에게 의미 있는 곳이다. 아이가 10개월 때 다녀온 홍콩에서 이 찰리브라운 카페에 들렀다. 아이 있는 집들은 주로 디즈니랜드를 찾지만 그때 아이도 너무 어리고, 우리 둘 다 놀이동산을 좋아하지 않아 생각한 것이 찰리브라운 카페였다. 아이는 기억하지 못하겠지만 그곳에서 사온 찰리브라운 인형은 지금까지 '짤리'라는 이름으로 불리며 아이의 친구 노릇을 톡톡히 하고 있다.

얼마 전 우리나라 홍대 부근에 그 카페가 자리를 틀었다는 이야기를 듣고 반가워서 다시 찾은 터다. 카페는 홍콩과 똑같은 모습이다. 아니 아이와 가기에 좀더 편리하다. 홍콩은 좁은 계단을 올라가야 앉을 수 있는 매장이 있는데 홍대 앞 카페는 야외 테라스 석을 갖추고 1층에 널찍하게 자리했다. 아이는 집에서 먹여주고 재워주는 '짤리'가 자기보다 더 큰 모습으로 서 있는 것에 적잖은 충격을 받은 듯하다. 한편으로 반가우면서도 애가 어떻게 여기 있을까 싶은 표정. 그러더니 이내 집에 있는 짤리와 여기 있는 짤리가 동일인물이 아니라는 걸 깨닫고, 짤리가 보고 싶단다. 황당하지만 맛있는 음식으로 달랜다.

오늘은 카페 산책을 나온 길이므로 밥도 카페에서 해결할 생각이다. 다행히 이곳 찰리브라운 카페에 샌드위치 등 식사할 만한 메뉴가 있다. 샌드위치와 와플을 먹으며 우리는 천천히 찰리브라운 마을을 둘러본다. 인생은 짧고 예술은 길다고, 어릴 적 즐겨보던 만화 캐릭터들은 늙지도 않고 내 아이와 친구가 되었다. 부럽다. 내 마음을 아는지 모르는지, 컵 속

숨겨둔 보금자리,
카 페   산 책

의 찰리는 내 얼굴을 보며 웃고 있다. 점심식사를 하고 우리는 찰리브라운 카페를 나온다. 아이는 조금 지쳐 보인다. 괜히 걷다가 짜증낼까 싶어 얼른 유모차에 태워 쉬게 한다.

이제 꿀맛 같은 자유시간이다. 아주 잠깐이지만 내가 보고 싶은 걸 보고 내가 걷고 싶은 길을 걷는다. 문득 20대에 자주 다니던 단골 카페를 찾아본다. 골목을 지나 카페가 있던 자리에 도착하니, 단골 카페는 주점으로 바뀌어 있다. 나의 20대와 함께 그 카페의 시대도 마감을 했나보다. 그렇다면 이제 새로운 시대의 단골 카페를 찾을 때다. 저 멀리 30대 중반의 나와 제법 어울릴 작은 카페가 보인다. 새 시대를 향해 발걸음을 옮기는 순간, 나의 감성은 깨어나고 아이는 잠이 들었다.

하루 종일 아이와 손 맞잡고 거닌 젊음과 개성이 살아 있는 '문화해방구'. 시간이 훌쩍 지나 어른이 된 아이와 손잡고 이곳을 찾는 상상을 한다. 그때까지 나의 열정과 자유 의지가 식지 않기를 꿈꾸면서. 그래서 오늘만큼은 이곳을 엄마와 아이를 위한 '감성해방구'라고 부르고 싶다. 🌷

♪KT&G 상상마당

독립영화상영관, 공연장, 스튜디오, 갤러리, 아트스퀘어, 아카데미, 아트마켓 등의 열린 무대가 함께하는 복합문화공간이다. '예술적 상상을 키우고 세상과 만나고 함께 나누며 행복해지는 곳'이라는 콘셉트처럼 많은 젊은 예술가와 지망생들을 위한 공간이자 동시에 예술을 갈망하는 대중들의 열린 공간이기도 하다. 다양한 프로그램을 통해 참여할 수 있지만, 아이와는 갤러리 감상 정도가 가능할 것이다. 하지만 번쩍이는 재치와 아이디어를 만날 수 있어 즐거운 1층 아트스퀘어와 창밖이 보이는 6층의 카페 등은 자유롭게 이용할 수 있다.

❀KT&G 상상마당 (문의: 02-3141-7030)
이용시간: 6층 카페 화~목요일 12:00~24:00 금, 토요일 12:00~01:00 /
  1층 아트스퀘어 매일 12:00~23:00 매월 첫째주 월요일 휴관

✿카페 병원 '제너럴 닥터'

카페이자 병원인 '제너럴 닥터'는 홍대 앞 분위기에 맞는 '동네의원'이다. 병원이라면 울음부터 터뜨리는 아이가 감기에 걸렸다면 제너럴 닥터에 방문해보길. 귀여운 고양이가 친구처럼 어슬렁거리는 사이에서, 맛으로 정평이 난 수제 치즈케이크를 먹으며 진료를 받을 수 있다. 또 스크램블 에그, 햄, 샐러드, 빵, 음료 등으로 이뤄진 브런치 '병원식'이 있어 배가 고파 배 아프다고 하는 꼬맹이들의 병을 한 번에 낫게 하는 곳이기도 하다. 무엇보다 인간적으로 환자와 소통하려는 카페 주인 의사들의 마음이 전해져 따뜻한 공간이다.

❀제너럴 닥터 (문의: 02-322-5961)
진료안내: 평일 오후 14:00~22:00 / 주말, 공휴일 휴진
* 30분 간격으로 예약진료 실시

☕ 홍대 앞은요~

카페 산책을 마치고 돌아오는 길, 사실 조금 고생했습니다. 아이가 많이 지쳐서 지하철에서 짜증을 냈거든요. 하지만 때마침 준비해간 놀잇감이 있어 힘들지 않게 집으로 돌아올 수 있었는데요. 아마 많은 엄마들이 대중교통편에서 아이들의 돌발행동 때문에 나들이를 걱정할 거예요. 일단 저는 간식을 넉넉히 준비하는 편이에요. 어른들도 먼 길 떠날 때 먹을 것이 옆에 있으면 덜 지루하잖아요. 아이들도 똑같은 것 같아요. 과일이나 고구마 같은 간식을 준비하고, 어쩔 수 없는 비상사태를 대비해 막대사탕도 준비하죠. 막대사탕은 웬만해선 내놓지 않지만 주변 사람들에게 큰 폐가 되겠다 싶으면 마지막 카드로 씁니다.

그리고 또 하나 가져가는 것이 돌 전에 보던 헝겊책인데요. 구겨 넣어도 되고, 가벼워서 짐이라고 생각하지 않고 챙겨가곤 해요. 너무 심심해하거나 견디지 못하는 것 같을 때 꺼내 놀죠. 페이지별로 이야기도 만들어보고, 만든 이야기를 연결해보면서 아이 수준에 맞는 놀잇감으로 변화시키는 것이죠. 때로는 사람들을 보면서 도형찾기도 하고, 색깔찾기도 하고, 문이 열릴 때마다 왼쪽 오른쪽 연습을 하면 시간이 금방 가요. 엄마가 쉬겠다는 생각으로 가만히 앉아 있지 않고, 눈 마주치고 함께 시간을 보낸다면 크게 힘들지 않을 테니 용기 내세요.

참, 홍대 앞 카페 산책을 계획하셨다면 말씀 드렸듯 상수역을 이용하는 게 수월해요. 물론 2호선이 가까운 엄마들은 어쩔 수 없지만, 상수역이 이동하기 편하다는 것 알아두세요. 그리고 나들이 시작은 일찌감치 하시는 게 좋아요. 언제나 사람들이 넘치는 곳인 만큼, 조금 한가한 시간에 서둘러 가는 게 컨디션 조절하는 데 도움이 되죠. 그리고 찰리브라운 카페의 경우 매장 한편에 찰리브라운 캐릭터 팬시 용품을 판매하고 있어요. 만약 구입할 계획이 있다면 괜찮지만, 모르고 들어갔다가 아이가 떼를 쓰는 상황이 벌어질 수 있으니까 미리 아이에게 설명해주시면 좋을 것 같아요.

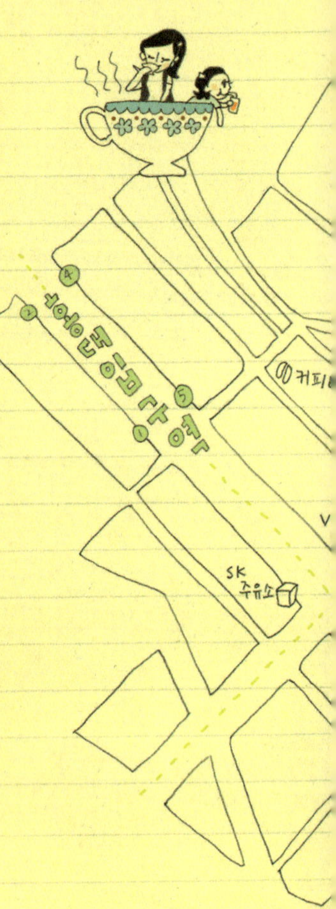

◉ **찰리브라운 카페** (문의: 02-332-2600)
영업시간: 평일 10:30~23:00 (주말은 22:30까지)

◉ **그림책상상** (문의: 02-3143-3285)
영업시간: 평일 11:00~20:00 / 일요일 휴관

분수찾아삼만리

어린이대공원

아이는 그날 처음 분수를 봤다.

아빠 품에 안겨, 옷이 흠뻑 젖도록 분수 사이를 오가며 온몸으로 웃었다.

신나는 분수놀이 덕분에 오월 햇살 아래

이상스럽던 을씨년스러움은 지울 수 있었다.

첫 분수놀이 이후 아이는 그곳이 어디든

분수가 있는 곳이면 사랑했다.

멀리 보이기 시작하면 '꺄아' 하고 소리치며 흥분했고,

발 벗고 덤볐다.

미세스 검프는 말했다. 인생은 초콜릿 상자와 같다고. 어떤 초콜릿을 선택하느냐에 따라 맛이 다르듯, 우리의 인생도 어떤 선택을 하느냐에 따라 달라진다고 말이다. 그렇다면 이번엔 대한민국의 미세스 리가 말하겠다. 인생은 뜻밖의 누군가에게 선물 받은 초콜릿 같아야 한다고. 무수히 많은 선택 외에 갑작스러운 환희 또한 존재해야 한다고.

　며칠 감기를 앓던 아이는 지난 새벽 결국 코피를 터뜨렸다. 30분 안에 멎으면 염려할 것 없다는 의사선생님 말씀을 생각하며 열심히 흐르는 피를 닦아줬다. 그 조그만 코에, 더 조그만 혈관이 터진 것인데 피가 제법 많이 흘렀다. 피딱지 앉을세라 물티슈로 열심히 닦아줬는데 멎을 생각을 안 했다. 응급실에 전화해 물어보니, 코피는 물티슈로 닦는 것이 아니라며 나무랐다. 솜으로 구멍을 꽉 막아 지혈을 해야지 흐르는 채 두면 잘 멎지 않는다는 것이다. 어린 시절 코피동자였다는 아빠를 닮아 그렇다며 타박할 시간에, 병원에 전화부터 해볼 일이었다. 티슈 한 통을 다 쓰도록 아이만 고생시킨 것 같아 미안했다. 뒤늦게 코피를 지혈하고 우는 아이를 다시 재웠다.

　따가운 아침 햇살에 눈을 뜨니, 아이가 옆에서 씩 웃고 있다. "기분 어때?" "갠차나~" 코밑에 딱지가 앉은 채로 벙글대는 아이를 보며 피식 웃음이 났다. 아침 반찬으로 뭘 먹고 싶냐는 질문에 아이는 당연하다는 듯 '사탕'이라고 말했다. 다른 때면 어림없을 일인데 스스로 생각하기에도 이번엔 먹힐 것 같았는지 대답하고 눈치를 살폈다.

　아이를 낳기 전, 꿈은 컸다. 내 아이는 절대 사탕, 과자 안 먹일 거라 다짐했다. 친환경 먹거리로 아이의 건강을 지켜줄 수 있다고 큰소리도 쳤다지 아마. 그런데 우리 집에는 몰래 숨겨둔 막대사탕 한 박스와 초콜릿 과자, 케이크가 떨어지지 않았다. 출산을 계기로 아이스크림 따위의 군것질을 끊겠다는 결심은 무너진 지 오래였다. 아이와 사이좋게 꿀짱구를 나눠 먹는 것이 일상이 됐다. 이러면 안 되지 생각하면서 가끔 정신 차리고 고구마나 달걀을 삶는데, 문제는 그것도 실컷 먹고 과자를 또 먹는다는 것이었다.

　아무리 그래도 이건 아니다 싶어 어느 날, 마음먹고 군것질거리를 집에서 치웠다. 정확히 말하면 먹어 치웠다. 그러고는 다시 사지 않았다. 대신 삶은 고구마와 달걀 그리고 각종 과일들을 '많이' 먹었다. 많이 먹으니 그나마 해소가 되는 것 같았다. 생각과 다르게 아이도 과자나 사탕을 그다지 찾지 않는 것이었다. 애들은 적응이 빠르다더니, 결국 의지 약한 엄마 때문에 아이도 몸에 좋지 않은 음식을 먹고살았던 것이다.

　'금(禁)군것질'은 우리에게 많은 변화를 주었다. 우선 지하철 여행이 즐거워졌다. 나름의 원칙을 세워 아이에게 상으로 사탕을 주는데, 공공장소에서 떼쓰지 않으면 상으로 사탕을 받을 수 있게 된 것이다. 물론 아이가 일단 물건 '확보'에 촉각을 세우는지라 무조건 두 개를 한꺼번에 넘기지만 말이다. 그러고 나서 어쩌다 먹는 간식을 더 맛있어할 줄 알게 됐

고, 간식 먹는 순간을 즐기는 법을 터득한 것 같다. 지나고 나면 먹지 못
해서인지, 아이는 먹는 순간만큼은 침도 가득 흘리고, 말수도 줄이면서
온 마음으로 사탕이나 초콜릿 혹은 과자나 솜사탕을 먹는다. 나는 그것
이 나쁘다고 생각하지 않는다. 단, 먹고 난 뒤 깨끗한 양치가 뒤따라야
한다. 그것만 지킨다면 가끔 달콤한 기쁨을 아이에게 주는 것도 무리가
없을 것 같다.

여느 때 우리도 그러지 않는가. 갑자기 공돈이 생겼을 때의 기쁨을 떠
올려보라. 아마 아이들에게 단것이 주는 의미는 그 이상이지 않을까. 우
리 어릴 적 '달고나'나 '쫄쫄이'가 그랬듯이 말이다. 그러나 밤새 코피로
고생한 아이가 해맑게 웃으며 달라는 사탕을 이번엔 주지 않을 생각이다.
오늘만큼은 먹는 기쁨이 아닌 온몸으로 느낄 수 있는 뜻밖의 환희를 선물
할 것이다. 다시는 코피 나지 않도록, 아니 다시 나더라도 지난밤 기억을
단번에 날려버릴 수 있는 최고의 묘책이 있다. 아이야 당장은 사탕을 먹
을 수 없어 슬프겠지만, 조금만 기다리렴. 이제 그보다 더 즐거울 수 없는
일이 벌어질 테니.

아빠 없이 갈 수 있는 놀이공원. 물론 서울에 존재한다. 승용차 없이 지하철만으로 갈 수 있는 이름난 곳이 두 군데 있다. 그중 잠실역을 이용하는 롯데월드는 그야말로 놀이기구를 실컷 탈 수 있는 곳이다. 그러나 롯데월드는 대부분 유모차에 앉아 있고, 똑바로 서봤자 어른 무릎 위밖에 안 오는 어린 친구들에게 그리 재미있는 장소가 아니다. 열심히 다녀봤자 시선에 오가는 사람들 다리만 보일 뿐이다. 그렇다면 나머지 한 군데, 어린이대공원이 있다. 이곳은 넓지만 엄마 혼자 다닐 만한 거리다. 작은 숲이 있고, 코끼리가 공연을 한다. 늘 잠이 부족해 보이는 게으른 사자와 분주한 원숭이도 볼 수 있다. 꼬마들 눈높이에 재미있을 만한 탈것들도 준비되어 있다. 무엇보다 매력적인 이유는 입장료가 무료라는 것이다.

아이가 맞이한 두번째 어린이날, 아이야 그날이 무슨 날인지 아무것도 몰랐겠지만 집에만 있자니 괜히 미안해지는 것 같아 어린이대공원을 찾았다. 엄마 아빠에게도 어린 시절 추억을 줬던 장소, 어린이대공원. 사실 인기 있는 다른 놀이공원에 가고 싶었지만, 인파에 지치고 싶지 않아 선택한 곳이었다. 선택은 옳았다. 비교적 한적했다. 자리다툼 없이 테이블이 있는 벤치에 앉아 도시락을 먹는 것도 좋았다.

이제 둘러보려는데, 뭐랄까 더이상 할 게 없는 느낌이 들었다. 공원은 동화 속 야수가 살고 있는 커다란 성 같았다. 찾아오는 이 없어 먼지가 풀풀 날리는 오래된 성. 그날은 어린이날. 햇빛은 찬란하고, 사방에 아이들 미소가 넘쳤지만 이상스레 신이 나지 않는 공간이었다. 그래도 뭔가 해야겠기에 우리는 천천히 걸어갔고, 후문 근처에서 아치형 분수를 발견했다.

기다란 길을 지나는 이들을 위해 팡파르를 울리듯 분수는 하늘을 향해 물을 쏘아올리고 있었다. 사람들은 마치 레드카펫이라도 밟는 듯 상기된 표정으로 분주하게 오가고 있었다.

아이는 그날 처음 분수를 봤다. 아빠 품에 안겨, 옷이 흠뻑 젖도록 분수 사이를 오가며 온몸으로 웃었다. 신나는 분수놀이 덕분에 오월 햇살 아래 이상스럽던 을씨년스러움은 지울 수 있었다. 하지만 서울 한복판 알토란 같은 위치에 있는 어린이대공원의 어수선하고 쓸쓸한 모습이 참 아쉬웠다. 첫 분수놀이 이후 아이는 그곳이 어디든 분수가 있는 곳이면 사랑했다. 멀리 보이기 시작하면 "까아" 하고 소리치며 흥분했고, 발 벗고 덤볐다. 오늘은 아빠가 없으니, 지하철로 편하게 갈 수 있는 분수 놀이터를 찾을 생각인데 아무리 머리를 굴려도 어린이대공원밖에 떠오르지 않는다. 얼마 전 기사에 보니 새롭게 단장했다는데, 속는 셈 치고 다녀올 생각이다.

어린이대공원은 찾아가는 길이 편해서 좋다. 유모차 승객이 많은 역이라 그런지, 엘리베이터 시설이 참 잘돼 있다. 힘들이지 않고 엘리베이터를 통해 나오면 공터가 시원하게 펼쳐진 정문이 보인다. 또 길옆에 늘어선 솜사탕, 풍선, 생수, 김밥을 파는 노점이 기분을 돋우어 좋다. 정문 앞은 별로 달라진 게 없는 것 같다. 페인트칠을 다시 했는지 좀 환해지긴 했지만 큰 변화는 못 느낄 정도다.

그렇다면 내부도? 조금 걱정스러웠지만 이왕 온 길이니 힘차게 유모차

고객안내센터
Customer Information Center
유모차
대여소

를 밀고 들어간다. 정문을 통과할 때마다 느끼는 것이지만 입장료 없이 마음껏 드나들 수 있다는 건 정말 매력적이다. 줄 설 필요 없이 내 집 들어가듯 기분 좋게 들어가니, "와우" 탄성이 절로 나온다. 정말 '확' 바뀌었구나! 예전에 알던 이름만 '어린이대공원'일 뿐 '늙은대공원'의 모습은 온데간데없다. 낡은 집을 새롭게 고쳐주던 〈러브하우스〉라는 TV프로그램을 보는 것 같다. 두근두근 심장소리에 맞춰 사뿐사뿐 걷는다. 입구 오른쪽에 전에 없던 인포메이션 센터가 생겼다. 모던하지만 나무로 만들어져 자연과 어울리는 단층 건물이 보인다. 멀리서 보니, 인포메이션 센터, 유모차 대여소, 화장실이 한 건물에 있다. 우선 인포메이션 센터에 들러 팸플릿을 하나 받는다. 이렇게 바뀌었다면 예전에 알던 길들과 다를 터이니 나그네의 필수 지침인 지도가 필요할 것이다. 예쁜 데다가 보기도 쉬운 그림 지도를 펴보니 과연 많은 것이 바뀌었다. 없는 게 없다.

그런데 어라, '물놀이장'이 있다. 보면서 즐겁고, 가끔 물기둥이나 만지는 작은 분수 하나 기대하고 왔는데 '물놀이장'이 따로 있다니 고무적이다. 우리는 우선 정문 가까이 있는 음악분수로 간다. 예전에는 오래된 조각들이 무심히 물을 맞던 분수였던 것 같은데, 이젠 아름드리 나무처럼 둥글고 커다란 데다, 음악에 맞춰 물줄기를 뿜어내는 음악분수가 있다. 소울이와 음악분수를 잠시 보고, 바삐 발걸음을 옮긴다. 물놀이장은 지도상으로 보면 정문 오른편에 있다. 음악분수에서 다시 정문 쪽으로 내려와 오른쪽으로 올라간다. 간간이 물놀이장 이정표에 거리가 표시되어 있어, 푸른 숲 사이에 과연 물놀이장이 있을까 하는 의심을 덜어준다. 상큼한

풀냄새, 향긋한 꽃향기를 맡으며 걷는 동안 어느새 저 너머 물기둥의 머리가 보인다. 이리저리 튀어나가고 있는 물줄기를 아이에게 보여주자 "엄마 빨리, 빨리" 하며 재촉한다. 뛰듯 걸어 물놀이장에 도착.

아이와 나는 누가 먼저랄 것도 없이 눈이 휘둥그레진다. 이건 애초에 계획했던 분수놀이와 차원이 다르다. 그냥 분수가 아니라, '놀이분수' 인 것이다. 한편에는 비교적 어린 아이들이 밟고 놀 수 있는 바닥분수가 있고, 한쪽에는 흐르는 물 위를 오르내릴 수 있는 계단분수가 있다. 또 그 계단분수를 따라 난 작은 물길 위에 아이 하나 들어가면 꼭 맞을 작은 나룻배 모형이 띄워져 있다. 조금 더 올라가니 작은 계곡이 보이고 그 물길을 따라 커다란 분수 아래 돌을 깔고 웅덩이를 만들었다. 깊어봐야 큰 아이들 종아리, 우리 소율이 또래 아이들에게 무릎 정도다. 어린 아이들은 웅덩이 둘레에 자리를 잡고 앉아 물놀이를 한다.

엄마들은 위험하지 않은 물놀이를 절실히 원했다. 육아서적을 읽어보면 아이의 정서에 물놀이가 좋다는 대목을 발견하곤 한다. 전문가들이 유아에게 물놀이를 권장하는 이유는 한두 가지가 아니다. 아이들은 일단 부드러운 물을 만지는 물놀이를 하면서 정서적 안정감을 얻게 된다. 또 대소근육을 발달시키며, 다양한 감각경험을 할 수 있다. 게다가 탐색과 실험 활동을 통해 탐구력, 측정능력, 분류능력, 문제해결능력 등이 촉진된다고 하니 물놀이만큼 좋은 놀이가 없다. 그래서 그런지 물 좋아하지 않는 아이가 없는데, 사실 물놀이는 늘 위험요소를 가지고 있다. 수영장이

PLAY #03
F U N

나 바다, 계곡 어디든 그랬다. 양동이에 물을 받아 집에서 노는 게 아닌 이상, 엄마들은 아이를 물놀이 시킬 때마다 온 신경을 곤두세워야 했다.

그런데 이곳은 참 안전하다는 느낌이 든다. 갓 걸음마하는 아이들도 와서 편하게 놀 수 있을 정도다. 구색 맞춰 만든 것이 아니라, 정말 아이라면 누구나 신나게 놀 수 있도록 물놀이장을 세 군데로 나눠놓은 것도 참 좋다. 웅덩이나 계곡 아래를 쉽게 보기 어려운 돌바닥으로 만든 것도 느낌이 새롭다. 발에 닿는 돌의 감촉과 올록볼록한 느낌이 거친 시멘트보다 낫다. 아이와 한참을 놀다가 정신을 차리고 주위를 둘러본다. 먼저 자리 맡는 사람 차지인 듯 주인 없이 아늑한 오두막도 있다. 돗자리 없이도 편하게 쉴 수 있는 동네 사랑방 같은 팔각정도 있고, 간이천막이 있어 그늘을 찾으러 이리저리 옮겨 다니지 않아도 될 것 같다. 또 작은 편의점이 있어 간단한 먹을거리를 해결할 수 있기 때문에 아무 준비 없이 온 사람들도 시간 보내기 어렵지 않게 되어 있다.

정말 좋다. 주위를 둘러보느라 시간을 보내는 사이에도 아이는 열심히 물놀이를 한다. 너무 오래 놀다 감기라도 걸릴까 걱정스럽지만 아이의 즐거움을 막을 수는 없다. 그저 오늘 하루쯤은 제 마음대로 하도록 두자고 기다려주기로 한다. 한참을 놀다 저도 지쳤는지, 스스로 나오겠다고 한다. 잘 씻겨 옷을 갈아입히고, 허기진 아이에게 먹을 것을 준다. 이제 에너지를 충전하고 다른 곳으로 가봐야 한다. 아직도 놀 거리가 한가득 이다.

맹수마을, 원숭이마을, 들새마을, 초식동물마을, 사슴마을에서 동물

공연장, 동물 타기장까지 동물 친구를 만날 수 있는 곳에서부터 놀이터, 맨발공원, 체험장, 축구장, 식물원, 생태연못, 놀이동산까지 없는 게 없다. 아무리 생각해도 이걸 다 보려면 오늘 하루만으로 모자랄 것 같다. 가는 곳마다 몸으로 느끼고 체험해야 하는 아이에게 잠깐 보고 지나치는 공원 탐방은 의미가 없을 것이다. 제대로 보려면 아무래도 어린이대공원 탐방의 달이라도 만들어 여러 날 둘러봐야 할 것 같다.

　오는 길에 우리는 그림지도를 보며 다음에 가볼 곳을 정했다. 그땐 친구들과 함께 와 넓은 축구장에서 공놀이를 하기로 했다. 다시 동심으로 되돌아간 어린이대공원, 정말 반갑다. 🌼

서울숲 바닥분수

서울시가 미국 뉴욕의 센트럴파크와 같은 대규모 도시숲을 위
해 만들었다는 서울숲은 많은 사람들에게 휴식공간으로 자리
잡고 있다. 서울숲에 가면 자연 그대로의 생태숲 외에도 사슴,
고라니 등의 야생동물을 만날 수 있고 광장, 야외무대, 인공연못
등 여가의 장이 열려 있다. 그러나 이곳에서 가장 사랑받는 곳은
'바닥분수'로 더위가 찾아올 즈음부터 아이들의 발길이 끊이지
않는다. 각종 뉴스에서 더위를 알리는 사진에 등장하곤 한다. 바
닥에서 치솟는 물줄기에 뛰어노는 아이들의 모습만 봐도 시
원한 곳이다. 성수동 뚝섬에 위치한 이곳은 입장료는 무료
이며, 승용차 이용시 주차료는 10분당 300원이다.

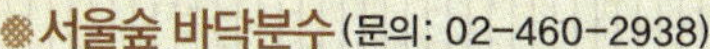

◈ **서울숲 바닥분수** (문의: 02-460-2938)
　이용시간: 연중무휴 24시간 운영(단, 생태숲은 하절기 07:00~20:00 /
　　　　　동절기 08:00~18:00) / 이용요금은 무료
　주차시설: 주차장 09:00~22:00(10분당 300원), 22:00 이후는 무료
　기타시설: 생태숲, 습지생태원, 곤충식물원, 자전거대여소 등
　대중교통: 지하철 2호선 뚝섬역 8번 출구

☆ 과천경마공원 분수

4호선 경마공원역에 위치한 과천경마공원 또한 시원한 분수를 만나기 위해 가볼 만
한 곳이다. 경마장에 위치한 이곳은, 경마 외에 가족공원과 승마체험을 할 수 있는 종
합문화레저의 장으로 각광받고 있다. 경마공원의 분수는 인공폭포를 포함해서 규모
가 큰 편이다. 특히 이곳의 분수는 곳곳에 말 동상들이 함께해 아이들에게 새로운 즐
거움을 준다. 또 널따란 놀이터와 워터바이크장이 있어 아이들에게 인기다. 워터바
이크장은 겨울엔 얼음썰매장으로 변신한다. 평일은 무료, 주말에는 800원의 입장료
를 내야 한다. 입장권에는 간단한 지도가 그려져 있어 편리하다. 주차는 무료이다.

◈ **과천경마공원 분수** (문의: 1566-3333)
　이용시간: 월~금요일 10:00~18:00 / 이용요금: 무료(단, 주말은 경마일 요금 800원 적용)
　주차시설: 05:00~19:00(경마일은 20:00까지) / 요금은 무료
　기타시설: 승마체험관, 어린이승마장, 어린이휴게실, 어린이놀이터, 야생화정원 등

어린이대공원은요~

예전 어린이대공원을 생각하고 계획에서 제외했다면, 다시 스케줄에 넣어보세요. 정말 많이 달라졌습니다. 아주 깨끗해요. 작은 숲속나라에 간 듯한 기분입니다. 어린이대공원은 7호선 어린이대공원역에서 내리면 됩니다. 층마다 엘리베이터가 있어 아이와 지하철역을 이용하기에 참 좋아요. 주차장도 물론 있어요. 10분에 300원으로 유료주차인데요, 엄마랑 아이 둘이 움직일 때는 지하철이 가장 편한 것 같아요. 정문에 들어가면 인포메이션 센터가 있는데 팸플릿 하나 받아두면 좋아요. 그림지도로 위치가 상세히 설명되어 있어요. 센터 옆에는 유모차 대여소가 있어, 유모차를 가지고 가지 않아도 편하게 공원을 둘러볼 수 있습니다. 하지만 대여료 3,000원이 있다는 것 알아두세요. 그 옆에는 화장실이 있는데요, 환상적입니다. 특히 아이와 엄마가 함께 이용할 수 있는 가족실은 오줌 누기 힘들어하는 꼬맹이들을 위해 작은 변기가 있어서 엄마랑 사이좋게 볼일 볼 수 있어요.

그리고 곳곳에 작은 편의점이 있어 간단한 음료나 과자를 먹을 수 있습니다. 하지만 웬만하면 간단한 도시락을 싸가세요. 곳곳에 앉아 쉬며 먹을 곳도 참 많거든요. 참, 물놀이장은 아이가 마음껏 놀 수 있는 곳이니까 이왕이면 수영복이나 방수팬츠를 입혀 가면 좋겠어요. 자외선 차단제 준비하는 것도 잊지 마세요. 또 유아들이라면 간단한 물놀이 용품도 가져가면 좋겠어요. 물에 뜨는 오리 장난감이나, 모래놀이용 삽이나 물주전자 등을 가져가면 재미있

게 놀 거예요. 아기들은 형들처럼 뛰어놀 수 없으니 그런 장난감들과 더 즐거운 시간을 보낼 수 있지요. 정말 몇 번이고 다녀도 지루하지 않을 것 같아요. 하루에 한 곳씩, 오늘은 물놀이장, 다음엔 동물 구경, 다음엔 숲 속 놀이터에서 놀기, 다음엔 식물원과 생태연못 구경, 다음엔 놀이동산, 또 어느 날은 돗자리 깔고 편하게 앉아 책읽기 등. 뭐, 입장료가 없으니 그저 별장이다 생각하고 드나들면 참 좋을 것 같아요. 게다가 바쁘다고 쩔쩔매는 아빠 없이도 편하게 갈 수 있으니까요.

❀ 어린이대공원 (문의: 02-450-9311)

이용시간: 오전 05:00~오후 22:00(단, 동식물원은 18:00까지)

이용요금: 무료(단 공원내 유료시설은 별도)

주차시설: 주차장 10분당 300원

기타시설: 유모차대여소(3,000원), 수유실, 음수대, 동물공연장, 놀이동산 등

대중교통: 지하철 5호선 아차산역 4번 출구 / 지하철 7호선 어린이대공원역 1번 출구

실내에서 놀자

실내 놀이터 티오비보

동화 세상으로 들어가는 이상한 나라의 앨리스.

이곳은 이상한 나라일까, 신비한 나라일까.

어느새 아이의 걸음은 저만치 앞서간다.

마음이 급한 아이를 얼른 따라간다.

아이는 길 한가운데 서서 재빠르게 좌우를 살핀다.

그야말로 장난감 세상이다.

Sandzone

나처럼 무심한 사람들에게는 해당되지 않지만, 세상에는 많은 기념일이 있다. 법정 공휴일 같은 기념일부터 가족의 생일, 결혼기념일 외에도 장사치들이 만들어냈다는 무슨 데이들을 챙기려고 하면 끝이 없는 것이 기념일이다. 그런데 이렇게 많은 기념일 중에 특정인에게만 해당되는 또 하나의 기념일이 있다는 사실을 얼마 전 알게 됐다.

유난히 기분이 좋았다. 체중계 눈금도 그대로이고, 펀드 통장도 여전히 마이너스였지만 상쾌했다. 아침 일찍 빵을 사러 다녀오는 길에 만난 중후한 아저씨가 '학생' 이라고 불러주기까지 했다. 때 이른 더위 때문인지 밤새 뒤척이던 아이는 〈방귀대장 뿡뿡이〉가 끝났을 시간인데도 일어나지 않았다. 오랜만의 보너스 같은 호젓한 아침시간. 컴퓨터를 켜고, 갓 구워낸 따끈한 빵에 커피를 마시며 메일을 확인했다. 그런데 메일을 여는 순간 아침 내 들뜬 기분은 수직 하강했다. 첫번째 메일 제목 때문이었다.

이렇게 씌어 있었다. "이재영님을 5월 31일 '아줌마의 날'에 초대합니다!" 아줌마, 아줌마, 아줌마, 아줌마, 아줌마아, 아아주움마아아, 아. 줌. 마. 의. 날. 에. 초. 대. 합. 니. 다. '아줌마' 라는 세 글자만 100포인트 정도의 크기가 되어 나를 흔들었다. 그냥 아줌마도 아니고, 아줌마의 날에 초대한다니! 오 마이 갓! 뭘 놀라고 그러냐는 듯 메일 제목은 참으로 음흉하게 나를 바라봤다. 어서 열어봐, 클릭해, 너를 초대한다잖아! 넌, 아줌마잖아! 메일 제목의 강력한 유혹을 견디지 못하고 클릭했다. 확인해보니,

‘아줌마의 날’은 진짜였다. 게다가 올해가 무려 제10회 아줌마의 날이었다. 결혼 10년차 주부인 나도 모르게 10년 동안 이런 일이 벌어지고 있었다니.

우선 내용을 찬찬히 읽어보았다. 행사는 무척 알찼다. ‘아줌마의 날’에 아줌마들을 위한 이벤트를 할 것이고, 참여만 하면 공짜 선물도 잔뜩 준다고 했다. 태어나서 처음 들어보는 ‘아줌마의 날’을 보고 놀라 자빠진 나이지만, 또 그 공짜 선물 리스트를 보고 살짝 마음이 동하는 걸 보니, 메일이 잘못 오지는 않았다.

아줌마라는 소리에 움찔거리며, 그 호칭을 온몸으로 부정하지만 나는 아줌마다. 사실을 알면서도 아줌마라는 것을 부정하려는 데는 세상 사람들의 시선이 한몫한다. 많은 사람들에게 아줌마는 뻔뻔함의 대명사이다. 사람들은 당연하게, 아줌마 자신들조차도 아줌마들을 뻔뻔하다고 생각한다. 음식 남기는 것은 죄악이요, 잇새에 낀 고춧가루 정도는 애교이고, 이른 아침 입냄새는 생활인, 그래 물론 처녀 때는 상상도 못 했던 것들을 아무렇지도 않게 하곤 한다. 하지만 그것은 당당함이라고 고쳐야 옳다고 본다.

아줌마들은 오직 자신만을 생각하며 전전긍긍하는 사람들과 다른 부류다. 나 이외의 다른 사람에게 헌신하는 사람들이다. 그래서 간혹 실수를 하고, 세상에 부끄러울 것이 없는 사람들로 오해받는 것이다. 그러나 부끄럽지 않게 살려고 안간힘을 쓰는 사람들이 바로 아줌마, 우리들이다.

비록 행동은 창피하고 부산스러울지 모르나, 말과 생각만큼은 그 누구보다 배려심이 깊은 사람들이다. 한 생명을 낳아 기르는 어미들은 세상 모든 이치가 소중하다는 걸 직감으로 안다. 배우지 않아도 자연스럽게 체득된다. 그것이 아줌마들이 부끄럽지 않다는 증거다. 이렇게 스스로를 내려놓고 열심히 사는 우리 아줌마들에게, 그래 '아줌마의 날'은 꼭 필요한 기념일이겠다. 그리고 그 행사가 서로를 격려하고 위로할 수 있는 자리라면 더욱 좋을 것 같다.

메일 확인이 늦어 결국 열번째 '아줌마의 날' 행사에도 참석하지 못했다. 하지만 내년에는 꼭 가볼 생각이다. 그날만큼은 그냥 아줌마가 아닌 주빈으로 참석한 '우아한 아줌마'가 될 수 있지 않을까? 누구의 눈치도 보지 않고 서로를 치유하며 보내는 우아한 하루가 큰 힘이 될 것도 같다. 그런데 만약 생각보다 자주 우아해지고 싶다면, 잠시 마음을 비우고 숨을 토해내고 싶다면, 1년을 기다리지 않아도 방법이 있다. 바로 아이와 실내 놀이터를 방문하는 것인데, 이곳에 가면 제법 우아한 아줌마로 하루를 보낼 수 있다.

실내 놀이터를 처음 알게 된 것은 오랜 친구에게 걸려온 전화 한 통 때문이었다. 친구는 어느 날 갑자기 전화를 해 집 근처로 가겠으니 한번 만나자고 했다. 멀리 떨어져 살고, 네가 시간 내기 어려우니 직접 와서 얼굴이나 보겠다는 것이었다. 미안하고 고마웠다. 집에 오겠다는 걸, 청소도 귀찮고 뭘 준비할 여력도 없어 밖에서 만나기로 했다. 집 근처 백화점 식당에서 보기로 하고 실로 몇 년 만에 단둘이 식사를 했다. 그런데 아이가 가만히 있지 않는 것이다.

그간 서로의 생활이 궁금해 얘깃거리가 넘쳐났는데, 이야기가 이어지지 않았다. 안 되겠다 싶어 생각해낸 것이 유아휴게실 옆 키즈 카페로 자리를 옮기는 것이었다. 지나치기만 했지 들어가보지 않아 늘 가려져 있는 내부가 궁금하기도 했다.

키즈 카페 이용은 성공이었다. 실내 놀이터가 이제 막 걸음마를 시작한 아이에게 부담스럽지 않을 정도의 크기라 좋았다. 또 실내 놀이터 바깥을 감싸듯 놓인 바 모양의 테이블은 차를 마시며 아이를 지켜보기에 안성맞춤이었다. 안전사고 예방을 위해 직원이 배치되어 있는 것도 마음에 들었다.

아이는 집에 없는 장난감을 살피고 또래와 함께 있는 공간에 안정감을 느끼는 듯했다. 커피 한 잔을 앞에 두고 우리는 묵은 이야기들을 털어냈다. 오래전 볕 좋은 카페에서 그랬듯이 우아하게. 그날 이름 없는 아줌마를 보겠다고 시간을 내준 친구의 마음도 고마웠지만, 무엇보다 새로운 세상을 발견한 기쁨이 컸다. 덕분에 아이 엄마들과도 만나 고충을 나눌 곳이

생겼고, 위험하지 않으면서 아이의 스트레스를 풀 만한 장소가 마련됐다.

아이는 실내 놀이터에서의 재미를 잊지 않고 자꾸 가자고 졸라댄다. 비가 와서 더 그런 것 같다. 비가 오면 엄마는 먹을 것만 잔뜩 생각나던데, 아이는 걱정 없이 뛰어놀 수 있는 실내 놀이터가 떠오르나보다. 비 오는 날 이동하는 것이 귀찮았지만 오늘도 역시 아이에게 져주고 만다. 아이야 유모차에 태워 레인커버 씌워주면 끄떡없을 것이다. 나의 귀찮음만 견디면 오늘 하루 아이가 행복해진다는데, 까짓 거 가보자.

마음먹고 나오니 비 오는 날의 나들이도 꽤 괜찮다. 철벙거리며 걷는 기분도, 우산 위로 떨어지는 빗소리를 듣는 것도 그럴싸하다. 문 꼭 닫고 집에 있으면 한낮의 어둑함만 느낄 뿐 이런 운치는 알지 못할 터였다. 조금 걸어 지하철을 타니 그리 귀찮을 것도 불편할 것도 없다. 습기 없고, 사람 없는 평일 낮 지하철은 오히려 쾌적하다. 신사역에서 내려 여러 개의 체인점을 가지고 있다는, 규모가 제법 큰 실내 놀이터를 찾아간다. 큰 길을 따라 조금 내려가니 간판이 보인다. 어느 건물에 세 들어 있는 것이 아니라, 건물 전체가 실내 놀이터이다. 큰 앞마당에는 주차공간이 있는데 다음엔 차를 가지고 와도 좋을 것 같다. 들어가는 문부터 마치 동화를 연상하게 한다.

입구로 들어가 카운터에서 입장 티켓을 끊는다. 엄마와 아이 모두 요금을 내야 한다. 조금 부담스러울 수도 있는 금액이지만, 놀이공원 입장료보다 저렴한 편이다. 사실 놀이공원은 소울이 또래 아이들에게 큰 흥미를 끌지 못한다. 키 작은 아이들은 인파에 묻혀 볼 수 있는 것이 별로 없고, 스릴 있는 놀이기구도 그다지 재미있지 않기 때문이다. 36개월 이전의 아이들은 토마스 기차나 뽀로로 세트만 있어도 신이 나는 법이다. 이제 놀이터로 들어갈 시간, 규모가 백화점 실내 놀이터와 비교할 수 없을 정도로 크다. 기다란 길을 따라 들어가니 모형 나무에 대롱대롱 메모지 열매들이 달려 있다. 아이들 소원을 적어 걸어놓은 소망나무인 듯했다. 나무와 드라이아이스가 하얀 연기를 뿜어내는 장식품을 지나자니 마치 앨리스가 된 기분이다.

동화 세상으로 들어가는 이상한 나라의 앨리스. 이곳은 이상한 나라일까, 신비한 나라일까. 어느새 아이의 걸음은 저만치 앞서간다. 마음이 급한 아이를 얼른 따라간다. 아이는 길 한가운데 서서 재빠르게 좌우를 살핀다. 그야말로 장난감 세상이다. 여러 구역으로 나뉘어, 한 곳은 블록, 한 곳은 기차, 한 곳은 자동차, 한 곳은 생활놀이 구역 이런 식으로 나뉘어 있다. 아이는 우선 장난감 카트를 하나 챙긴다. 그리고 마트로 간다. 커다란 모형집 안에 갖가지 음식이며 주방용품 등 없는 게 없다. 엄마처럼 야채도 사고, 고기도 사고, 과일도 산다. 문 옆에 있는 계산기를 열심히 두드리며 스스로 계산을 하더니 이내 가스레인지로 간다. 냄비가 없는 걸 알고 얼른 들어가 냄비와 주전자를 가지고 나온다. "엄마, 맛있는 거 해줄게." 밥 짓느라 바쁜 아이는 엄마를 돌아보지도 않고 열심이다.

고개를 돌려보니 옆에는 블록 존이 있다. 블록과 영유아들의 교육 놀잇감이 한자리에 있어 아직 걷지 못하는 아기들이 앉아 놀기 좋은 곳이다.

언니 오빠 들이 뛰어노는 동안 아기들도 재미있고 안전하게 놀이를 할 수 있는 공간이다. 영유아들을 위한 구역이라 그런지 엄마들이 쉴 수 있는 기다란 소파와 잡지 등이 함께 구비되어 있다. 건너편에는 500원짜리 동전을 넣으면 움직이는 탈것이 있지만 아이들에게는 인기가 별로 없다. 그것이 아니라도 놀 것이 무궁무진하기 때문이다.

달님이를 업고 열심히 밥을 짓던 소울이는 콩순이에게 밥을 먹이고 할 일을 다 했다는 듯 기차 존으로 간다. 작은 섬을 옮겨놓은 듯 여러 개의 테이블에 토마스 기차 레일부터 원목 기차 레일까지 다양하다. 아이들은 제 마음에 드는 기차를 들고 칙칙폭폭 달린다. 수동기차들과 함께 스위치를 누르면 저절로 가는 전동기차도 있다. 작은 장난감 기차가 스스로 달리는 모습을 넋을 잃고 바라본다. 늘 당하는 캐릭터인 아이는 가지고 있던 빨간 토마스 기차를 또 빼앗긴다. 그래도 연연하지 않고 쿨하게 다른 것을 찾아낸다. 여섯 살 전에 내가 그렇게 뭘 뺏기며 다녔다던데 별걸 다 닮는 우리 딸이다. 간혹 내 것, 네 것 하면서 다툼도 일지만 종류가 워낙 많아 싸움은 금방 잦아든다.

기차 존에서 놀다보니 배가 고프다. 우리는 지하 카페테리아로 내려간다. 지하엔 카페테리아뿐 아니라 직업 체험을 할 수 있는 다양한 방과 장난감 자동차로 경주를 즐기는 드라이빙 코스가 있다. 카페테리아 식사 메뉴는 철저히 아이들 위주다. 혹시 인스턴트 식품일까 염려돼 직원에게 물어보니, 담당 요리선생님이 따로 있단다. 소스며 양념, 피클 등을 선생님이 직접 만들어 보관하고 주문이 들어올 때마다 직원이 즉석에서 만들어

주는 식이었다.

대개 공공장소 음식들이 인스턴트이거나 맛이 아닌 허기로 배를 채우기 일쑤인데, 이곳의 음식들은 여느 레스토랑 못지않다. 아이와 식사를 하고, 커피 한 잔을 주문한다. 옆 테이블에는 친구인 듯한 엄마들이 모여 수다를 떨고 있다. 친구와 만나 같이 오면 더 좋겠다는 생각이 든다. 하지만 비 오는 날 약속을 잡는 것은 좀 미안한 일이다. 커피를 마시며, 드디어 '우아한 아줌마'가 되어본다. 아이는 바로 옆에 있는 인공연못에서 뽀로로 낚싯대로 물고기를 잡고 있다. 아이 또래와 같이 왔다면 좀더 느긋한 시간을 보냈을 텐데 생각할수록 아쉽다. 다음번엔 꼭 일행과 함께 와야겠다. 낚시놀이가 지겨웠는지 아이가 다가와 다른 곳으로 가자고 조른다.

"엄마 커피 한 잔만 마실게, 혼자 놀아볼래?" 살살 다독이니, 주변을 살펴보던 아이가 장난감 자동차를 타고 오겠다고 한다. 마침 드라이빙 코스를 지키고 아이들을 돌봐주는 직원이 있어 마음 놓고 남은 커피를 마신다. 나만의 조용한 시간을 만끽하고 아이를 찾아나선다. 아이는 작은 파우더룸에서 거울을 보며 화장품놀이를 하고 있다. 조금 있다가 백설공주 옷을 입고 변장놀이도 하고, 짧지만 그럴듯한 런웨이에서 모델놀이도 한

실 내 에 서
놀   자

다. 계단 의자에서 잠시 쉬며 책을 읽던 아이는 금방 자리를 털고 볼풀로
간다. 탐험을 떠나듯 이어진 그물을 지나 미끄럼틀을 타고 내려오니 제일
좋아하는 볼풀이다. 엄마도 들어오라는 아이의 성화에 어쩔 수 없이 볼풀
로 들어가 넘어지고 엎어지며 장난을 친다. 아줌마에게 '우아'는 무리였
을까? 결국 실내 놀이터 나들이는 볼풀 안 몸개그로 마무리된다.

    우아하다. 국어사전에 '고상하고 기품 있으며 아름답다' 라고 나와 있
다. 그렇다면 고상하다는? '품위나 몸가짐이 속되지 않고 훌륭하다' 라는
것이란다. 그렇다면, 아이와 함께 뛰놀고 즐겁게 웃는 우리 아줌마들에게
'고상' 과 '우아' 는 생활이다. 우리만큼 몸가짐이 속되지 않고 솔직하며
헌신하는 훌륭한 사람들이 또 어디 있을까? 아무리 볼풀에 몸을 던지며
부산을 떨었다 해도 그래, 난 오늘도 우아했다. 🌷

✿서울시 영유아플라자

실내 놀이터 비용이 다소 부담스럽다면, 서울시에서 운영하는 영유아플라자를 이용하는 것도 방법이다. 영유아플라자는 무료로 사용할 수 있는 실내 놀이터로, 서울시에서 추진 중인 여행(女幸)프로젝트 사업의 일환으로 운영되고 있는 보육 토털서비스 센터다. 시간제 보육시설 및 육아정보 나눔터, 놀이시설, 어린이 도서관, 교재교구 및 장난감 대여시설 및 육아상담실이 제공되고 있다. 이처럼 아이들 놀이의 장뿐 아니라, 엄마들의 모임과 정보 교환의 장소, 다양한 육아프로그램 참여 장소로 인기를 얻고 있는 곳이다. 현재 도봉, 동작, 서초, 강동, 노원, 영등포, 강남 7개 구에서 운영 중이며 앞으로 2010년까지 전 자치구에 설치된다. 이용은 미리 예약해야 하는 등 각 구마다 차이가 있으니 미리 홈페이지에 들어가 살펴보는 것이 좋겠다.

♥ 도봉구 영유아플라자 www.doccic.go.kr
♥ 동작구 영유아플라자 www.kidsplaza.or.kr
♥ 서초구 영유아플라자 youngua.seocho.go.kr
♥ 강동구 영유아플라자 papanet.gangdong.go.kr
♥ 노원구 영유아플라자 www.nwccic.or.kr
♥ 영등포구 영유아플라자 www.ydpccic.or.kr
♥ 강남구 영유아플라자 www.gncare.go.kr

실내 놀이터는요~

소울이와 엄마가 찾아간 '티오비보'는 국내 최초로 문을 연, 국내 최대 규모의 실내 어린이 테마파크입니다. 압구정에 있는 본점 외에도 신도림점과 분당점이 있어요. 압구정점은 한남 대교 남단에서 압구정 방향 모퉁이에 바로 있어 쉽게 찾을 수 있습니다. 주차공간이 넉넉해 이용이 편리하고요, 주차요금은 시간에 관계없이 2,000원입니다. 대중교통을 이용할 때는 신사역 6번 출구에서 직진하시면 됩니다. 엘리베이터가 있으니 유모차를 가지고 와도 어렵지 않게 나오실 수 있어요.

그리고 신도림점은 신도림역과 이어져 있는 테크노마트 내에 위치합니다. 아이들과 함께 가는 곳인 만큼 교통이 편리한 곳에 있다는 것이 큰 장점이에요. 사설 놀이터라 입장료를 내야 하는데요, 입장료는 시설이용에 따라 달라집니다. 티오비보는 자유롭게 장난감을 가지고 놀 수 있는 킹덤과 어른들의 직업을 축소시켜놓은 직업체험파크 공간으로 나뉘어 있습니다. 전 시설을 이용할 경우에는 아이가 2만 원, 어른 5,000원의 입장료가 있어요. 시간은 2시간으로 제한되어 있고, 시간 추가시 30분당 아이 5,000원, 어른 3,000원이라는 것 기억하세요. 현재 신도림점은 킹덤만 운영중입니다. 금액은 아이 1만 원, 어른 5,000원, 추가금액은 아이 2,500원 어른이 1,500원이에요. 하지만 24개월 미만은 반액할인된다니, 영유아 부모님들은 크게 부담 갖지 않아도 될 것 같아요. 킹덤 입장료만 끊었을 때 제한되는 것은 쿠킹클래스나 패션쇼, 뷰티샵, 사진관 등의 일부만 제한됩니다. 한 공간에 있는 모래존이나 볼풀, 테마미끄럼틀은 자유롭게 이용할 수 있어요. 쿠킹 클래스는 시간대별로 있는데, 아이들이 만들기 쉬운 메뉴로 진행해서 인기가 높아요. 각 체험 존에는 선생님들이 배치되어 있어 자세하고 친절하게 안내해줘서 엄마가 편하게 쉴 수 있습니다. 앞으로 아카데미도 운영할 예정이라고 해요. 문화센터처럼 전 연령 교육 가능한 수업을 다양하게 준비하고, 교육 예정일에는 전 시설을 2시간 동안 무료로 이용할 수 있다고 하니 참고하시면 좋겠네요. 참 수유실이 마련되어 있어서 돌 전후 아직 수유하는 아기들과 가도 좋아요. 수유실에는 기저귀와 물티슈 등 기본적인 위생용품들이 마련되어 있어 갑작스런 돌발상황에 당황하지 않고 대처할 수 있답니다. 오랜만에 친구들과의 수다가 그리울 때, 혹은 바깥 날씨로 아이가 집 안에 있기 답답해할 때 찾아보시면 좋을 것 같아요!

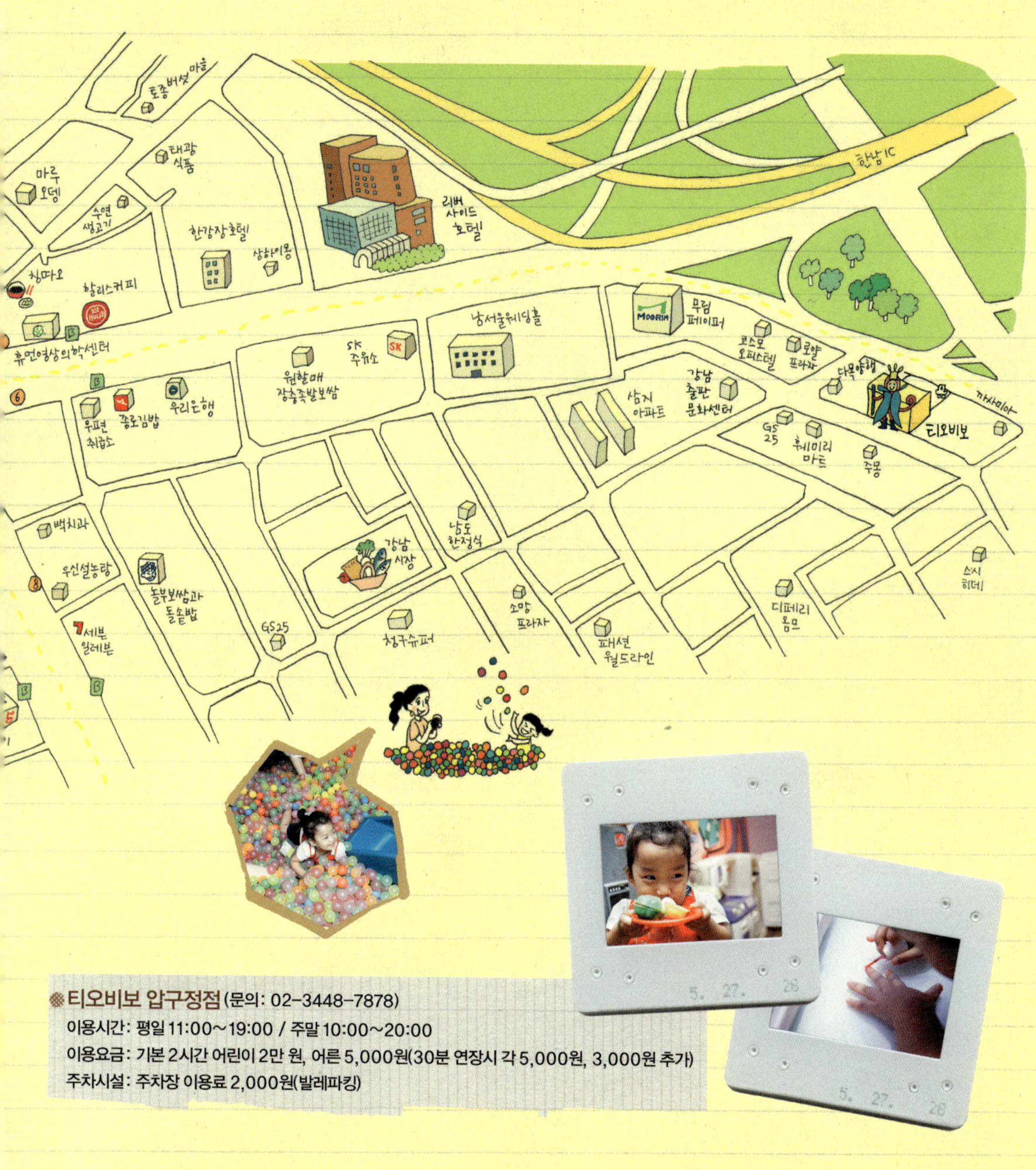

❀ 티오비보 압구정점 (문의: 02-3448-7878)

이용시간: 평일 11:00~19:00 / 주말 10:00~20:00

이용요금: 기본 2시간 어린이 2만 원, 어른 5,000원(30분 연장시 각 5,000원, 3,000원 추가)

주차시설: 주차장 이용료 2,000원(발레파킹)

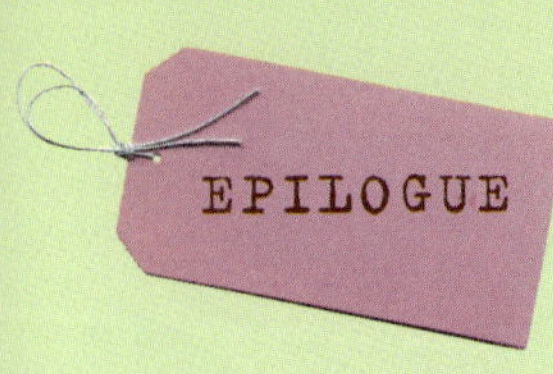

오랜만에 친구들을 만났다. 1~2년 터울로 아이를 낳아 비슷한 또래를 키우고 있는 친구들이었다. 그야말로 '간만에' 만난 자리에서 우리는 누가 먼저랄 것도 없이 자식 걱정을 늘어놨다. 얌전한 친구는 그런대로, 무뚝뚝한 친구는 그런대로, 외향적인 친구는 또 그런대로 더 좋은 엄마가 돼주지 못해 아이에게 미안하다고 했다. 더 밝은 엄마가 되고 싶고, 조금은 점잖은 엄마가 되고 싶은데 천성을 버리지 못하고 아이를 대하는 자신이 답답하다고 말했다. 그러면서 참 걱정이라고, 충분히 사랑해주지 못하는 것 같아 미안하다는 말도 덧붙였다.

하지만 친구들은 무언가 잘못 생각하고 있었다. 엄마의 성향에 따라 표현만 다를 뿐, 아이들은 충분한 사랑을 받고 있다. 어른들의 괜한 비교가 없다면 아이들은 '엄마'와 함께 있다는 사실만으로도 행복하다. 아이들의 감정은 투명하고 깨끗해서 재거나 따지지 않는다. 엄마가 주는 게 사랑이면, 그대로 달게 받아준다. "우리 엄마는 무뚝뚝해서 싫어, 우리 엄마는 너무 말이 많아"라고 얘기하는 아이는 아마 없을 것이다. 그것은 우리 어른들이 만들어낸 표현이다. 그러니까 정작 걱정스럽고 안쓰러운 존재들은 우리 엄마, 자신들이다.

나는 묻고 싶었다. 너는 사랑받고 있니?

이 책은 아이와 함께하는 총 스물한 가지의 나들이를 추천한다. 이것은 엄마인 나 자신을 사랑하는 스물한 가지의 방법과 같다. 나들이는 첫사랑의 기억을 더듬고, 학창시절 추억에 잠기고, 오랜만의 사색으로 인생을 돌아보며 시작된다. 아이를 위해 억지로 끼워 맞춘 나들이가 아닌 엄

마가 선택한 장소에서 아이와 즐거운 시간을 보내는 것이다. 물론 나들이 장소에 가면, 아이와의 외출이 그렇듯 생각지도 못한 여러 일들로 애를 먹기도 할 것이다. 그러나 엄마의 기억과 추억과 그리움이 동기부여된 나들이라면 잠시라도 행복하지 않을까 하는 마음으로 원고를 써내려갔다. 동시대를 살아가는 엄마로서, 스스로를 사랑하는 방법을 공유하고 싶었다.

글을 쓰는 내내 행복했다. 다 지나 없어진 줄 알았던 옛 기억이 저장창고 안에 제법 그대로 남아 있어 좋았다. 십수 년이 지났지만 기억들은 아직 산뜻했다. 산뜻한 기억을 시작으로 나들이를 나서는 길에는 내 아이의 싱싱한 웃음이 함께해 더 즐거웠다. 나처럼 많은 엄마들이 화려한 서울의 하루를 만끽했으면 한다. 그리고 그 안에서 단 한줌이라도 스스로에게 사랑을 나눴으면 한다. 그렇다면, 받은 사랑보다 더 큰 사랑을 아이에게 돌려줄 수 있을 것이다. 아이를 낳아 키우는 때만큼 황홀한 순간은 없다. 나들이는 인생에서 가장 윤이 나는 순간이 과거가 아닌 현재진행형이 될 수 있는 좋은 방법이다. 겁내지 말고 세상과의 단절에서 벗어나 당장이라도 밖으로 나가보자. 마지막으로 주제넘지만 엄마들을 위로하고 싶다. 아이의 미래가 엄마에게 달려 있으니 앞만 보고 나아가라는 질책에서 벗어나서, 그저 행복하기만 하라고 등 두드리고 싶다. 잘하고 있다고, 당신의 방식이 옳다고 말하고 싶다.

내 인생 최고의 두 친구 영우와 소울, 그리고 무면허 작가를 믿고 글을 맡긴 북하우스 편집부에 감사의 인사를 전한다.

2009년 9월, 언제나 자유부인 이재영

아이와 함께하는
서울 나들이

ⓒ 이재영 2009

1판 1쇄 2009년 9월 11일
1판 2쇄 2009년 10월 13일

지은이 이재영
사진 김종현
일러스트레이션 백혜숙

펴낸이 김정순
책임편집 박상경
디자인 김리영
마케팅 정상희 한승일 임정진

펴낸곳 (주) 북하우스 퍼블리셔스
출판등록 1997년 9월 23일 제 406-2003-055호
주소 121-840 서울 마포구 서교동 395-4 선진빌딩 6층
전화 02-3144-3123
팩스 02-3144-3121
전자우편 editor@bookhouse.co.kr
홈페이지 www.bookhouse.co.kr

ISBN 978-89-5605-384-4 13980

이 도서의 국립중앙도서관 출판시도서목록(CIP)은 e-CIP홈페이지(http://www.nl.go.kr/ecip)에서
이용하실 수 있습니다. (CIP제어번호: CIP2009002641)